UNIT 1

1.1 Rules of indices

Page 1 ***HWK 1M***

1. (a) false (b) true (c) false (d) true (e) false (f) false

2. Both give the same answer, 5^4

3. (a) 2^{10} (b) 5^5 (c) 7^5 (d) 9^6 (e) 11^2 (f) 3^6 (g) 7^5 (h) 5^4 (i) 6^4

4. (a) $2^9\,\text{cm}^2$

5. (a) 3^2 (b) 5^6 (c) 2^3 (d) 7^5 (e) 3^7 (f) 9^5

6. (a) 64 (b) 7 (c) 27 (d) 1 (e) 256 (f) 10 000

7. P ($81\,\text{cm}^2$) is greater than Q ($64\,\text{cm}^2$) by $17\,\text{cm}^2$

8. Pupil choice, e.g. $\dfrac{3^6 \times 3^4}{3^2 \times 3^5}$

Page 2 ***HWK 2M***

1. $(2^2)^4 = 256$ and $(3^2)^2 = 81$, so $(2^2)^4$ is greater by 175

2. (a) 5^{12} (b) 7^{16} (c) 3^{13} (d) 6^3 (e) 2^{23} (f) 5 (g) 9^3 (h) 6^{21} (i) 7^9

3.

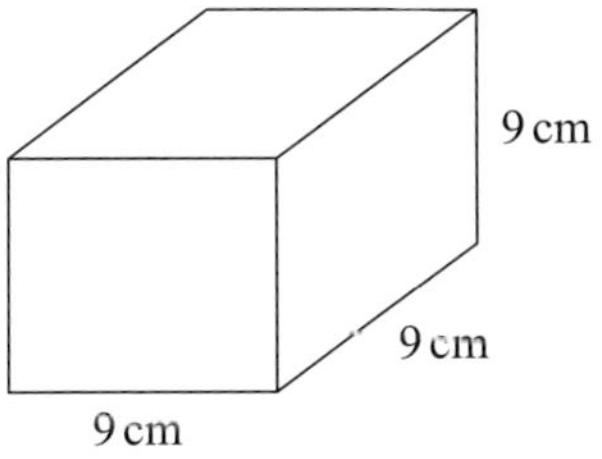

4. $(2^2)^2 \times 2^3$

5. (a) false (b) true (c) false (d) true (e) true (f) false

6. Not correct. $3^0 = 1$

7. 5

8. 15.625 kg

9. (a) 9 (b) 1 (c) 1024 (d) 49 (e) 64 (f) 36 (g) 343 (h) 512 (i) 7

10. 768

1.2 Prime factors, HCF and LCM

Page 3 ***HWK 1M***

1. (a) 1, 5, 25 (b) 1, 40, 2, 20, 4, 10, 5, 8 (c) 1, 64, 2, 32, 4, 16, 8

2. true

3. (a) 1, 30, 2, 15, 3, 10, 5, 6 (b) 1, 48, 2, 24, 3, 16, 4, 12, 6, 8 (c) 6

4. 16

5. 43, 31

6. 2, 4, 10 or 1, 5, 10

7. Divisible by 10

8. (a) 15, 30, 45, 60, 75, 90 (b) 20, 40, 60, 80, 100, 120 (c) 60

9. (a) 36 (b) 80 (c) 18

10. Every 35 days

11. 32

12. false

Page 4 ***HWK 2M***

1.

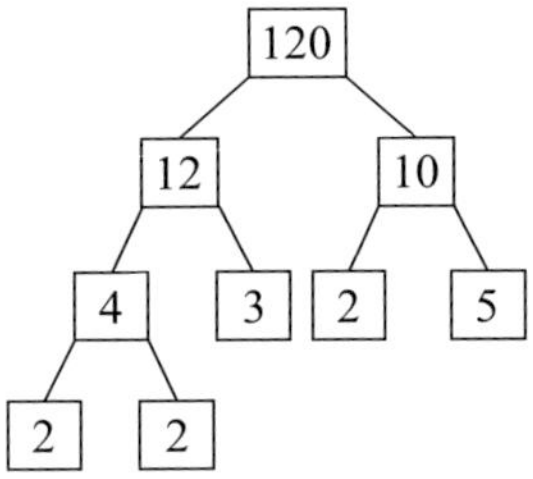

$120 = 2 \times 2 \times 2 \times 3 \times 5 = 2^3 \times 3 \times 5$

2. (a) 2×5^2 (b) $2^4 \times 3 \times 5$ (c) $2^2 \times 3 \times 5 \times 7$ (d) $2^2 \times 5 \times 7 \times 13$ (e) $3 \times 7^2 \times 11$

3. (a) 14 (b) 99

4. $1764 = 2 \times 2 \times 3 \times 3 \times 7 \times 7$ so $\sqrt{1764} = 42$

5. (a) 15 (b) 110

6. $2744 = 2 \times 2 \times 2 \times 7 \times 7 \times 7$ so $\sqrt[3]{2744} = 14$

7. 585

8. (a) 63 (b) 26

Page 5 ***HWK 3M***

1. (a) 14 (b) 2730

2. (a) 210 525

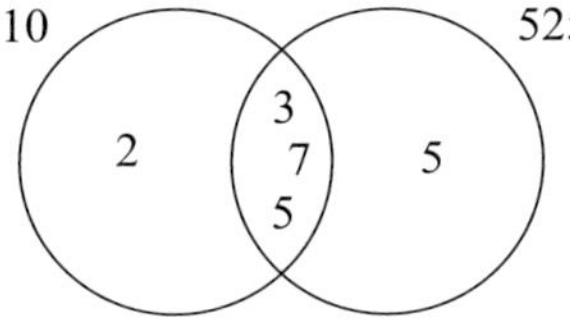

(b) 105 (c) 1050

3. (a) 630 1560

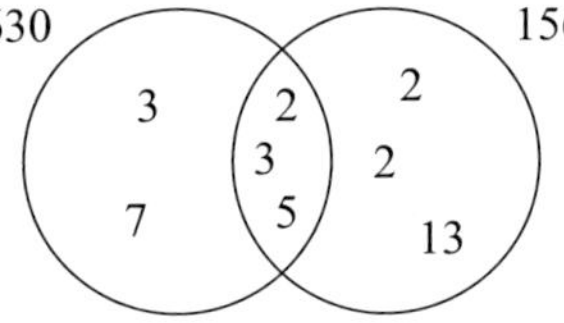

(b) 30 (c) 32 760

4. (a) HCF = 5, LCM = 2310 (b) HCF = 21, LCM = 3003 (c) HCF = 35, LCM = 30 030

5. 330 and 4125

6. After 16 weeks

1.3 Using algebra

Page 5 ***HWK 1M***

1. A–E, B–D

2. (a) $7 - 5m$ (b) $2y + 2x - 1$ (c) $m + 3 - n$

3. $10x + 2y + 5$

4. (a) $4m + 12$ (b) $18p - 9$ (c) $3w + 9q$ (d) $5a - 15b$

5. (a) $4(\boxed{2a} + 1) = 8a + 4$ (b) $\boxed{6}(2m - 3n) = 12m - \boxed{18n}$

6. (a) $8m + 1$ (b) $13n + 2$ (c) $23x + 26$ (d) $11m + 10$

(e) $7m + n + 18$ (f) $14a + 14b + 4c$ (g) $19x - 8y + 4$ (h) $9m + 3n - 2$

7. $7m + 3n - 2$ (expression), $V = IR$ (formula), $6m$ (term), $5n + 3 = 2$ (equation)

8. $2n + 2$

9. Pupil choice

Page 7 ***HWK 2M***

1. (a)

	$8m + 9n$	
$4m + 3n$	$4m + 6n$	
$m + 2n$	$3m + n$	$m + 5n$

(b)

	$5x + y$	
$2x$	$3x + y$	
$x + 2y$	$x - 2y$	$2x + 3y$

(c)

	$10a + b$	
$5a + 4b$	$5a - 3b$	
$2a + 3b$	$3a + b$	$2a - 4b$

2. (a) false (b) false (c) false (d) true (e) false (f) true (g) false (h) true (i) false

3. Not correct. $\frac{m}{n} = \frac{n}{m}$ if $m = n$ and $m \neq 0, n \neq 0$

4. (a) $\boxed{4a - a}$ (b) $\boxed{5 \div a}$ (c) $\boxed{2a + a + a}$ and $\boxed{4a}$ (d) $\boxed{a \div 2}$ (e) 4

5. $54m + 36$

6. (a)

	$9a + 7b$		
$4a + 4b$	$5a + 3b$		
$2a + b$	$2a + 3b$	$3a$	
$a - b$	$a + 2b$	$a + b$	$2a - b$

(b)

	$13m - 8n$		
$7m - 5n$	$6m - 3n$		
$4m - n$	$3m - 4n$	$3m + n$	
$3m + n$	$m - 2n$	$2m - 2n$	$m + 3n$

Page 8 ***HWK 3M***

1. $5(n + 5)$ **2.** $3(2y - 1)$ **3.** $4(3m + 4)$ **4.** $6(4x + 3)$

5. $9(a - 4)$ **6.** $4(4n - 7)$ **7.** $7(1 + 5p)$ **8.** $5(2m - 15)$

9. $3m + 7$ **10.** $8(n + 6)$ **11.** $6(n + 8)$ **12.** $6(5p - 2)$

13. $5(a + 3b)$ **14.** $2(10y - 9)$ **15.** $2(6x + 7y)$ **16.** $4(7p - 4q)$

17. $7(5m + 3n)$ **18.** $4(15a - 14b)$ **19.** $7(m + 4p + 5q)$ **20.** $2(2a - 5b + 4c)$

21. $6(2c + 5d + e)$ **22.** $9(2a - 5b - 4c)$ **23.** $3(6f - 7g - 3h)$ **24.** $6(2m + 9n - 7p)$

Page 9 ***HWK 4M***

1. $a(a + 5)$ **2.** $n(n - 9)$ **3.** $a(a - b)$ **4.** $y(x - y)$

5. $m(n + m)$ **6.** $m(n + 3m)$ **7.** $p(p - 5n)$ **8.** $2a(5a + 3)$

9. $2n(6n - 5)$ **10.** $5b(3b + 2)$ **11.** $2m(4m + 9)$ **12.** $3n(n + 2m)$

13. $2a(4a + 3b)$ **14.** $11y(y + 3)$ **15.** $5n(5n + 3m)$ **16.** $2x(9x - 7y)$

17. $4m(4m + 3n)$ is better because the highest common factor has been removed.

18. $3n + 8$ **19.** $6a(a + 8bc)$ **20.** $3m(4n + 3p)$

21. $9x(2x - 3y)$ **22.** $2mn(5m - 4p)$ **23.** $3ab(2a + 5b)$

24. $5mn(3n - 7m)$ **25.** $7abc^2(2a + 4b - 3ab)$

Page 9 ***HWK 5M***

1. (a) $4(3n + 6)$ (b) $8(5n - 3)$ (c) $3(n + 4) + 1$

(d) $9(n - 2) - 4$ (e) $5(n + 5)^2$ (f) $7(n^2 + 2)$

2. (a) n → ×4 → +1 → ×6 →

(b) n → ×5 → −8 → ×4 →

(c) n → square → +4 → ×5 →

(d) n → ×3 → −6 → ÷7 →

(e) n → −4 → square → ×7 →

(f) n → +5 → square → ×8 →

3. 6 **4.** $2m^2$ **5.** $5n - 6$ **6.** $4ab$ **7.** n **8.** $4x$

9. a **10.** $4p - 5$ **11.** $\frac{1}{m}$ **12.** 4 **13.** m^2 **14.** 2

15. m **16.** $5a$ **17.** $\frac{2n}{5}$ **18.** $4(n + 2y)$ **19.** $5(m^2 - p)$ **20.** $(2x + y)^2$

Page 10 ***HWK 6M***

1. £$7y$ **2.** (a) $n - 5$ (b) $m - 4$ (c) $m + n - 9$ (d) $m - 3$

3. £$(3n - 15)$ **4.** $q - mx - ny$ **5.** $6ab - mn$

6. £$(3n + 7)$ **7.** £$29(m - 2)$ **8.** $3y + 5(y - x) = 8y - 5x$

9. (a) $3a - 2$ (b) $b + 3$

10.

0	7	9	14
11	12	2	5
6	1	15	8
13	10	4	3

1.4 Construction and locus

Page 12 ***HWK 1M***

1. 58° **2.** (a) 5.8 cm (b) 7.2 cm (c) 10.7 cm **3.** 49° **4.** 66°

Page 13 ***HWK 2M***

1. Circle of radius 6 cm

2. Bisector of BÂC

3.

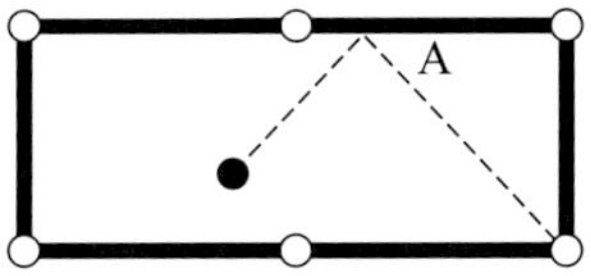

5. It moves along one third of the circumference of a circle, i.e. an arc making an angle of 120° at the centre of the circle.

6.

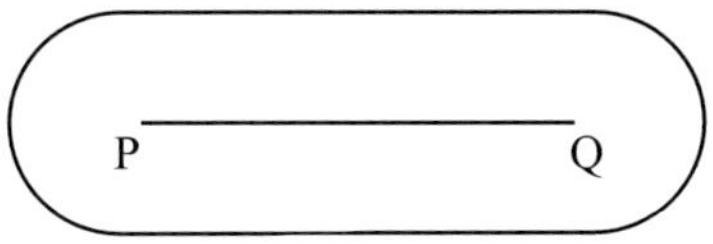

7. Shaded circle of radius 3 cm

8. Any reasonable attempt, e.g.

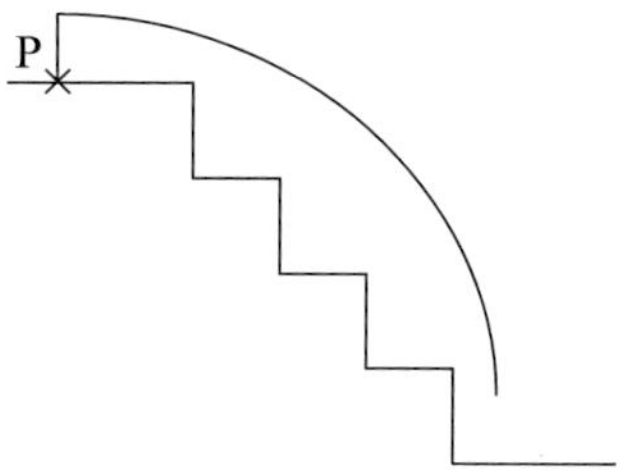

9. Perpendicular bisector of the line joining P and Q

10.

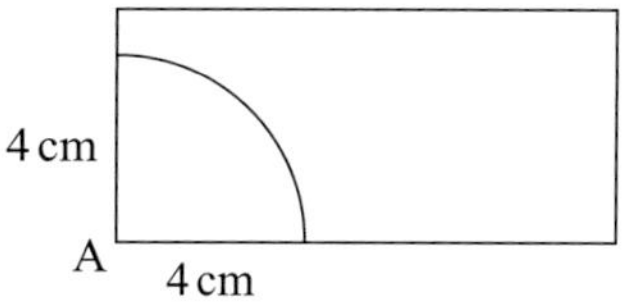

Page 15 ***HWK 4M***

2. (e) 135° (f) 135° **5.** (d) $\hat{QPX} \approx 20°$, $\hat{PRY} \approx 32°$

6. △ABC is equilateral, so $\hat{ACB} = 60°$. CY bisects $\hat{ACB}$, so $\hat{ACY} = 30°$

1.5 Angles, including polygons

Page 16 ***HWK 1M***

1. $a = 69°$ **2.** $b = 68°$ **3.** $c = 84°, d = 96°, e = 63°$ **4.** $f = 77°$

5. $j = 114°$ **6.** $k = 67°$ **7.** $l = 50°$ **8.** $p = 66°, q = 71°$

9. (a) 84° (b) 96° (c) 115° (d) 65°

10. $a = 75°, b = 112°$ **11.** $c = 26°, 5c = 130°$ **12.** $u = 70°, v = 110°, w = 69°$

13. $x = 60°$ **14.** $\hat{QRS} = 32°$ **15.** $\hat{BEC} = 48°$ **16.** 74° **17.** 64°

Page 18 ***HWK 2M***

1. 120° **2.** 60° **3.** $n = 107°$ **4.** 17° **5.** 19°

6. 92° **7.** 10° **8.** 12° **9.** 50.5°

Page 19 ***HWK 3M***

1. 900° **2.** 1440° **3.** 120° **4.** $x = 140°$ **5.** 9

6. (a) $x = 162°$ (b) $y = 59°$ **7.** 2° **8.** $\frac{180(n-2)}{n}$

Page 20 ***HWK 4M***

1. (a) $m = 36°$ (b) $n = 144°$ **2.** 168° **3.** 8

4. (a) 20 (b) 3240° **5.** $x = 32°$ **6.** 15

7. Interior angle 135° is not a factor of 360°

8. (a) $\frac{360}{n}$ (b) $180 - \frac{360}{n}$ **9.** $n = 40°$, polygon has 9 sides **10.** 90 sides

Page 22 ***HWK 5M***

1. $A\hat{D}B = A\hat{B}D$, $B\hat{D}C = D\hat{B}C$, $A\hat{D}C = A\hat{D}B + B\hat{D}C = A\hat{B}D + D\hat{B}C = A\hat{B}C$
2. Use congruent angles
3. $a + b + c = 180°$, $d + e + f = 180°$, $g + h + i = 180°$, $a + b + c + d + e + f + g + h + i = 540°$
4. Use alternate angles
5. $C\hat{M}N = 40°$, $M\hat{N}C = 70°$, $B\hat{A}C = M\hat{N}C = 70°$, so $\triangle ABC$ is isosceles.

1.6 Fractions

Page 23 ***HWK 1M***

1. (a) $\frac{4}{15}$ (b) $\frac{11}{12}$ (c) $\frac{31}{40}$ (d) $\frac{33}{56}$ (e) $\frac{1}{14}$ (f) $\frac{47}{90}$

(g) $\frac{5}{24}$ (h) $\frac{13}{70}$ **2.** $\frac{6}{35}$ **3.** (a) $\frac{13}{60}$ (b) $\frac{7}{15}$ **4.** $\frac{1}{8}$

5. (a) $2\frac{7}{12}$ (b) $5\frac{5}{6}$ (c) $1\frac{5}{12}$ (d) $1\frac{17}{24}$ (e) $4\frac{1}{6}$ (f) $1\frac{5}{8}$

6.

+	$\frac{1}{3}$	$\frac{3}{8}$	$\frac{3}{10}$	$\frac{2}{9}$
$\frac{1}{4}$	$\frac{7}{12}$	$\frac{5}{8}$	$\frac{11}{20}$	$\frac{17}{36}$
$\frac{3}{7}$	$\frac{16}{21}$	$\frac{45}{56}$	$\frac{51}{70}$	$\frac{41}{63}$
$\frac{2}{5}$	$\frac{11}{15}$	$\frac{31}{40}$	$\frac{7}{10}$	$\frac{28}{45}$
$\frac{1}{6}$	$\frac{1}{2}$	$\frac{13}{24}$	$\frac{7}{15}$	$\frac{7}{18}$

Page 24 ***HWK 2M***

1. B **2.** 4 km **3.** (a) $\frac{\boxed{2}}{3}$ (b) $\frac{\boxed{7}}{8}$ (c) $\frac{5}{\boxed{6}}$

4. (a) $\frac{1}{10}$ (b) $\frac{4}{7}$ (c) $\frac{1}{4}$ (d) $\frac{1}{14}$ (e) $\frac{1}{2}$ (f) $\frac{3}{8}$ (g) $\frac{10}{21}$ (h) $\frac{7}{22}$

5. B by $\frac{1}{40}$ m^2 **6.** (a) false (b) true (c) true (d) false

7. $\frac{11}{28}$ **8.** $\frac{17}{144}$ **9.** $\frac{7}{50}$ m^3 **10.** Correct. Both $= \frac{1}{12}$

Page 25 ***HWK 3M***

1. (a) $12\frac{1}{2}$ (b) $2\frac{1}{2}$ (c) $12\frac{1}{2}$ (d) $1\frac{2}{3}$ (e) $3\frac{1}{3}$ (f) $10\frac{1}{2}$ (g) $11\frac{2}{3}$ (h) $4\frac{2}{7}$

2. (a) $1\frac{1}{6}$ (b) $4\frac{3}{8}$ (c) $7\frac{9}{16}$ (d) $2\frac{1}{2}$

3. $2\frac{3}{4}$ m^2 **4.** $3\frac{1}{3}$ **5.** $2\frac{4}{5}$ cm^2 **6.** $4\frac{1}{6}$

Page 26 ***HWK 4M***

1. (a) 20 (b) 21 (c) 48 (d) 36 (e) 200 (f) 400

2. (a) 24 (b) 63 (c) 30

3. (a) 4 (b) 9 (c) $\frac{1}{5}$

4. (a) 8, 24, 48 (b) 1, 5, 30, 120 (c) 48, 8, 40, 4

5. 45

Page 26 ***HWK 5M***

1. (a) $\frac{3}{4}$ (b) $\frac{2}{3}$ (c) $\frac{3}{4}$ (d) $\frac{4}{7}$ (e) $\frac{24}{35}$ (f) $\frac{1}{6}$ (g) $\frac{32}{49}$ (h) $\frac{7}{9}$

2. $10\frac{2}{3}$ m **3.** $2\frac{1}{2}$ kg **4.** 80

5. (a) $5\frac{5}{6}$ (b) $2\frac{2}{3}$ (c) $\frac{9}{14}$ (d) $1\frac{9}{16}$

6. $3\frac{2}{3}$ cm

7.

×	$\frac{1}{3}$	$\frac{2}{5}$	$3\frac{1}{3}$
$\frac{1}{8}$	$\frac{1}{24}$	$\frac{1}{20}$	$\frac{5}{12}$
$1\frac{1}{2}$	$\frac{1}{2}$	$\frac{3}{5}$	5
$\frac{7}{10}$	$\frac{7}{30}$	$\frac{7}{25}$	$2\frac{1}{3}$

8. $1\frac{3}{5}$

1.7 Probability

Page 27 ***HWK 1M***

1. (a) $\frac{1}{6}$ (b) $\frac{1}{3}$ (c) $\frac{1}{3}$ (d) $\frac{1}{2}$

2. 0.03

3. (a) $\frac{1}{6}$ (b) $\frac{2}{3}$ (c) $\frac{1}{3}$

4. (a) $\frac{1}{9}$ (b) $\frac{7}{9}$ (c) $\frac{1}{3}$

5. 53%

6. (a) $\frac{1}{4}$ (b) $\frac{5}{8}$

7. Not correct. No guarantee that Rosa will pot the next ball.

8. 0.45

9. (a) $\frac{1}{2}$ (b) $\frac{3}{8}$ (c) $\frac{4}{9}$

10. (a) $\frac{2}{7}$ (b) e.g. 5 (c) e.g. 10, 15

Page 29 ***HWK 2M***

1. (a) 180 (b) 240

2. 130 **3.** 14 days **4.** £36

5. (a) $\frac{2}{5}$ (b) $\frac{4}{7}$

6. 42 **7.** 185

8. (a) $\frac{1}{4}$ (b) $\frac{1}{2}$

9. $\frac{5}{n-m}$ **10.** 45p

Page 30 ***HWK 3M***

1. (a) (H 1), (H 2), (H 3), (H 4), (H 5), (H 6)
(T 1), (T 2), (T 3), (T 4), (T 5), (T 6)

(b) $\frac{3}{12} = \frac{1}{4}$

2. (a) (1, 1), (1, 2), (1, 3), (1, 4), (1, 5), (1, 6)
(2, 1), (2, 2), (2, 3), (2, 4), (2, 5), (2, 6)
(3, 1), (3, 2), (3, 3), (3, 4), (3, 5), (3, 6)

(b) $\frac{6}{18} = \frac{1}{3}$

3. (a) (1, 1), (2, 1), (3, 1), (4, 1), (5, 1), (6, 1)
(1, 2), (2, 2), (3, 2), (4, 2), (5, 2), (6, 2)
(1, 3), (2, 3), (3, 3), (4, 3), (5, 3), (6, 3)
(1, 4), (2, 4), (3, 4), (4, 4), (5, 4), (6, 4)
(1, 5), (2, 5), (3, 5), (4, 5), (5, 5), (6, 5)
(1, 6), (2, 6), (3, 6), (4, 6), (5, 6), (6, 6)

(b) $\frac{6}{36} = \frac{1}{6}$

4. (a) $\frac{1}{8}$ (b) $\frac{3}{8}$

5. (a) $\frac{1}{16}$ (b) $\frac{1}{4}$ (c) $\frac{3}{8}$

Page 31 ***HWK 4M***

1. (a) $\frac{23}{80}$ (b) $\frac{34}{80} = \frac{17}{40}$
2. (a) The dice hardly landed on a '3' (b) 20 times for each number (c) No
3. (a) $\frac{28}{50} = \frac{14}{25}$ (b) $\frac{57}{130}$ (c) Marie's because she has had more throws.
   (d) $\frac{85}{180} = \frac{17}{36}$ (e) 255
4. Expect to get 25 tails. Do not expect to get the same result next time.

UNIT 2

2.1 Percentages 1

Page 32 ***HWK 1M***

MATHS MAKES THE WORLD GO ROUND

Page 33 ***HWK 2M***

1. (a) 0.8 (b) $\frac{19}{20}$ (c) 0.17 (d) $\frac{7}{25}$ (e) $\frac{3}{50}$ (f) 0.49
2. $\frac{18}{25}$, 0.735, 0.75, 0.77, $\frac{17}{20}$, $\frac{9}{10}$
3. (a) 15% (b) 27.5% (c) 2.5% (d) 12.5%
4. $\left(\frac{12}{25}, \frac{36}{75}, 0.48, 48\%\right)$, $\left(\frac{13}{50}, \frac{39}{150}, 0.26, 26\%\right)$, $\left(\frac{4}{5}, \frac{16}{20}, 0.8, 80\%\right)$, $\left(\frac{52}{80}, \frac{13}{20}, 0.65, 65\%\right)$,
   $\left(\frac{2}{25}, \frac{12}{150}, 0.08, 8\%\right)$, $\left(\frac{3}{8}, \frac{15}{40}, 0.375, 37.5\%\right)$, $\left(\frac{3}{4}, \frac{21}{28}, 0.75, 75\%\right)$
5. 31%
6. $\frac{15}{38}$, 0.405, 42%, $\frac{8}{19}$, $44\frac{1}{2}\%$, $\frac{9}{20}$
7. $0.7 \times 2\frac{1}{20}$ is larger by 0.005

Page 35 ***HWK 3M***

1. £7350
2. £50.96
3. £379.20
4. £119.70
5. £139 748
6. £75.51
7. (a) £6020 (b) £5177.20
8. £3370.80
9. (a) 7.97 (b) 23.9
10. (a) 29.4 cm^2 (b) 13.8 cm^2

Page 36 ***HWK 4M***

1. (a) £329.80 (b) £556.40 (c) £1348.05 (d) £586.92

2. £2125 **3.** £252 **4.** (a) Less money (b) £76.32

5. £19.62 **6.** £406 **7.** £5778 **8.** £4923.72 **9.** £5849.29

Page 37 ***HWK 5M***

1. 15% **2.** 20% **3.** 12.5% **4.** (a) 135.7% (b) 125% (c) 128.87%

5. 30.9% **6.** 15.4% **7.** 82.6%

Page 38 ***HWK 5E***

1. (a)

	2019	2020
B	702	716
G	648	694
T	1350	1410

(b) 4.4% (c) 5.1%

2. 10.4% (1 → 2), 7.0% (2 → 3), 11.5% (3 → 4), so largest percentage decrease is between weeks 3 and 4.

3. 100.5% profit **4.** £26 **5.** 146% increase **6.** £7.20 increase

2.2 Estimating and checking answers

Page 39 ***HWK 1M***

1. 5600 **2.** 5600 **3.** 450 **4.** 450 **5.** (a) true (b) true (c) false

6. (a) B (b) A (c) B (d) B (e) A (f) C (g) C (h) A
(i) A (j) C (k) A (l) B (m) C (n) C (o) B (p) A
(q) A (r) C

Page 40 ***HWK 2M***

1. ≈£50 **2.** ≈9000 g (9 kg) **3.** ≈£1500

4. (a) $20.6 \div 5 = 4.12$ (b) $49 \times 20.2 = 989.8$ (c) $8.1 \times 32 = 259.2$
(d) $42 \times 6.8 = 285.6$ (e) $2.8 + 13.9 = 16.7$ (f) $3012 \div 4.8 = 627.5$

5. ≈£120 000 **6.** ≈800 m **7.** ≈£190 **8.** ≈£1

9. (a) ≈20 (b) ≈600 kg (c) ≈400 (d) ≈4 (e) ≈£10 800 (f) ≈2500

Page 41 ***HWK 3M***

1. yes **2.** (a) 85.32 (b) 2.058 (c) 3.17 (d) 7.84 (e) 0.766

3. likely **4.** (a) < (b) > (c) < (d) < (e) > (f) <

5. (a) 36.4 (b) 0.00364 (c) 171.08 (d) 1710.8 (e) 36.4 (f) 1710.8

6. (a) 64.3 (b) 643 (c) 18.004 (d) 1800.4 (e) 1.8004 (f) 6.43

Page 42 ***HWK 4M***

1. (a) 7.6 (b) 38 000 (c) 0.0087 (d) 390 **2.** 6.782

3. (a) 3.48 (b) 3.36 (c) 1.13 (d) 19.90 (e) 11.45 (f) 1.18 (g) 6.00 (h) 0.46

4. 1230 **5.** 8.135

6. Correct. Count zeros as significant once the first significant (non zero) digit is counted. **7.** 3

8. (a) 3.9 (b) 4.6 (c) 3.2 (d) 2.6 **9.** 9.25 **10.** 2.375 **11.** 0.0003

2.3 Drawing and using graphs

Page 43 ***HWK 1M/2M***

1. y: 2, 4, 6, 8, 10, 12 **2.** y: 1, 4, 7, 10, 13, 16 **3.** y: 2, 2.5, 3, 3.5, 4, 4.5, 5

4. y: 6, 3, 0, −3, −6 **5.** y: $\left(3, \frac{1}{2}\right)$, (6, 1), (4, 2)

Page 44 ***HWK 3M***

1. Lines are parallel, $y = 3x + c$ cuts y-axis at (0, c) **2.** $y = 3x + 4$ **3.** y: 2, 3, 6, 11, 18

4. $y = 4x + 2, y = 5x - 3$ **5.** $y = 5x - 1$ **6.** (0, −7)

7. Pupil choices (e.g. $y = -4x + 5, y = -3x + 2, y = 3x + 5$)

Page 45 ***HWK 4M***

1. $y = x + 4$ **2.** $y = 5x$ **3.** $y = x - 6$ **4.** $x + y = 20$ **5.** $y = 8x$

6. $y = 2x - 1$ **7.** $y = 2x + 3$ **8.** $y = 3x - 1$ **9.** $y = 5x + 2$ **10.** $y = 2x + 9$

11. (a) $y = x + 1$ (b) $y = 3$ (c) $x + y = 3$

12. (a) $y = 5$ (b) $y = x + 1$ (c) $y = \frac{1}{4}x$ (d) $x + y = 9$ (e) $y = 3x + 3$

Page 46 ***HWK 5M***

1. $y = 3x + 1$ **2.** $y = 6x - 3$ **3.** $y = -4x + 2$ **4.** $y = \frac{1}{3}x - 5$ **5.** $y = -7x - 1$

6. 2; 9 **7.** 5; −3 **8.** −4; 1 **9.** −2; −3 **10.** 1; 5

11. $-\frac{1}{2}$; 6 **12.** −4; 7 **13.** $-\frac{1}{3}$; 5 **14.** 8; $\frac{1}{4}$ **15.** −4

16. 2 **17.** (0, 2) **18.** P: $y = 2x + 1$, Q: $y = x - 2$

19. A: $y = 3 - x$, B: $y = -3x - 1$ **20.** $y = 4x + 1, y - 4x = 3$

Page 47 ***HWK 6M***

1. (a) 3 (b) −1 (c) $y = 3x - 1$ **2.** (a) −2 (b) $y = -2x + 5$

3. P: $y = x - 5$, Q: $y = 4$, R: $y = -\frac{1}{3}x - 2$, S: $x = 5$, T: $y = 2x + 1$ **4.** $y = \frac{1}{2}x - 1$

5. Pupil choice, e.g. $y = -2x + 3$ **6.** (2, 2)

Page 49 ***HWK 6E***

5. $x = -0.4$ and -2.6

Page 50 ***HWK 7M***

1. (b) (i) 9 litres (ii) 8.3 gallons (c) £5.15

2. (a) 1400 m (b) 1600 m (c) 1200 m (d) 2100 m (e) 1100 m (f) 11:00 and 13:00 (g) 2400 m (h) 30 minutes (i) 3 hours

3. (c) Whitings (d) 3 days

2.4 Sequences 1

Page 51 ***HWK 1M***

1. (a) 3, 12, 48, 192, 768 (b) −4, −1, 2, 5, 8, 11 (c) 26, 21, 16, 11, 6, 1

2. (a) 13 (b) 12 (c) $\frac{25}{40}$ (d) −37 (e) $14n$ (f) $\frac{7}{10}$

3. (a) 4, 13, 40, 121 (b) 4, 12, 28, 60

4. (a) Multiply by 2 then add 3 (b) Multiply by 4 then subtract 1 (c) Multiply by 5 then add 1

5. Luke doubles each time, Ali adds 1 then 2 then 3

6. (a) 225, 256 (b) $3, \frac{1}{2}$ (c) 125, 216

7. (a) 6, 10, 14, 18, 22, 26 (b) 30, 23, 16, 9, 2, −5 (c) 57, 49, 41, 33, 25, 17

8. 11

9. 25

10. 4, 10, 22, 46

11. Multiply by 3 then subtract 1

12. (a) 20, 9, −2, −13, −24 (b) 17, 23, 29, 35, 41 (c) 0, 3, 3, 6, 9 (d) 768, 192, 48, 12, 3 (e) −38, −29, −20, −11, −2

Page 53 ***HWK 2M***

1. differences 2, 3, 4, 5, 6; terms 5, 7, 10, 14, 19, 25

2. (a) 35, 48 (b) 17, 13 (c) 50, 45 (d) 102, 129

3. 164

4. second difference = 9, difference = 25, number = 58

5. (a) 65 (b) 102 (c) 171

6. 1149

2.5 Reflection and enlargement

Page 54 ***HWK 1M***

1.

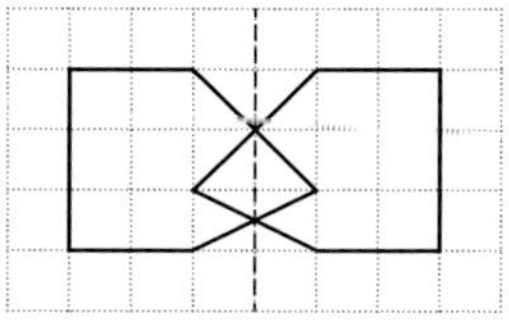

2.

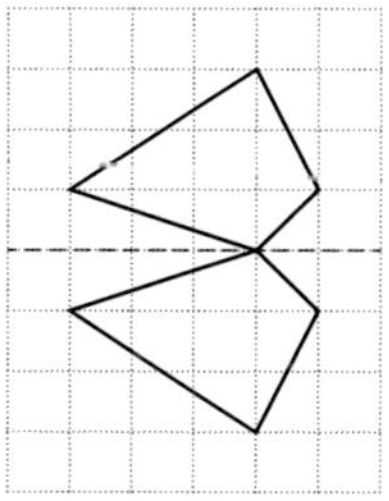

3.

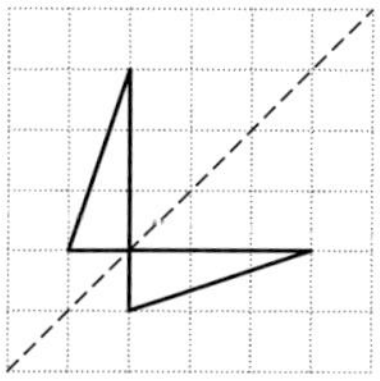

4.

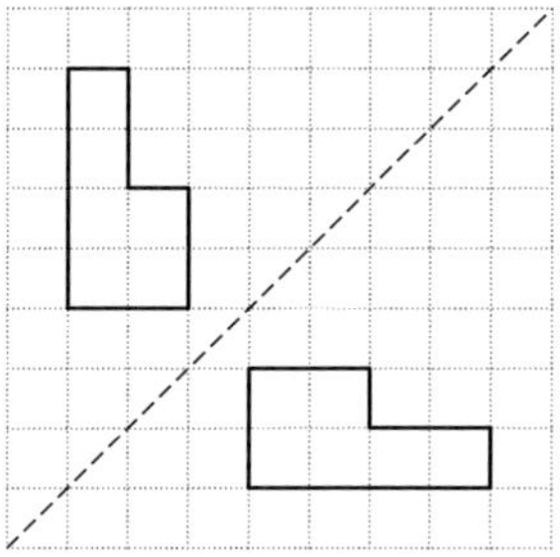

5.

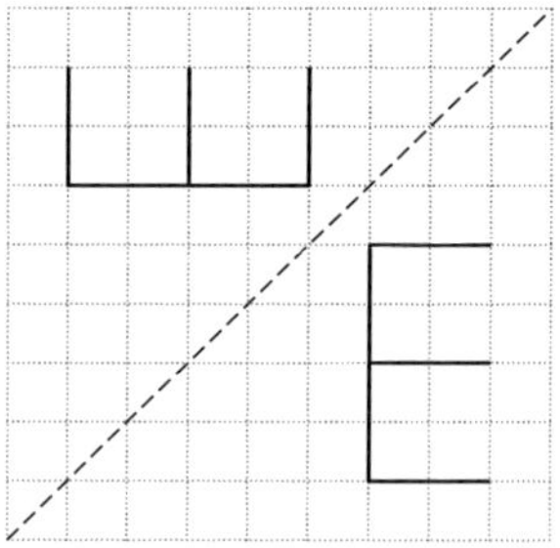

6.

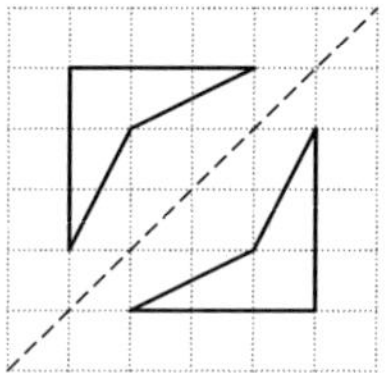

7.

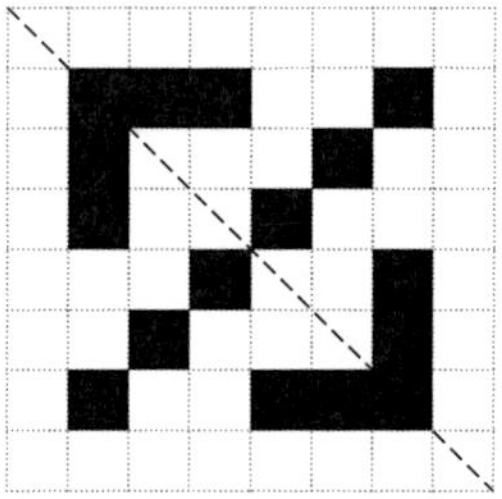

8.

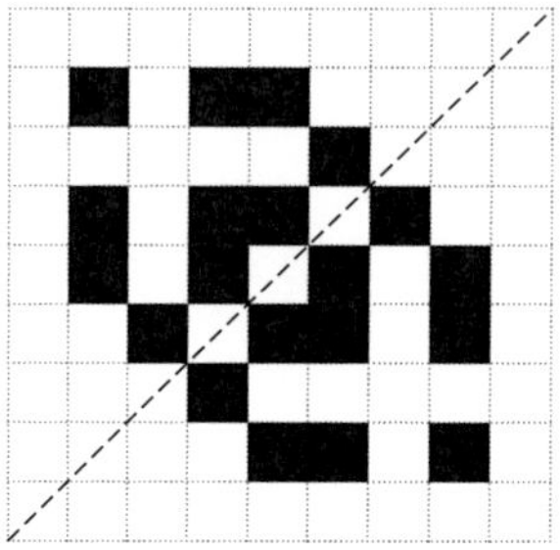

9.

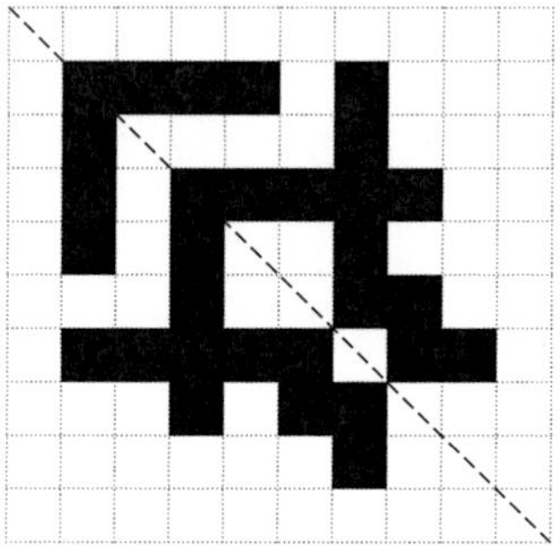

10. (a)

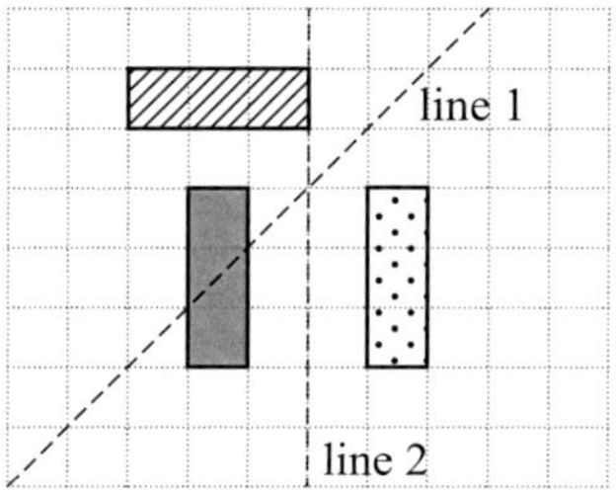

(b)

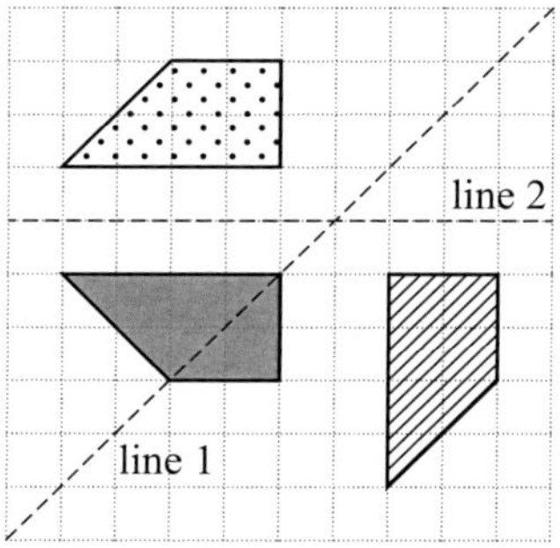

Page 55 ***HWK 2M***

1. (e) $(-3, 4), (-3, 5), (0, 5), (0, 4)$ **2.** (d) $(6, 3), (6, 5), (5, 5)$ **3.** (f) $(2, 4), (2, 5), (-1, 4)$

4. (a) $x = -4$ (b) $x = 1$ (c) $y = -4$ (d) $y = x$

(e) $y = -x$ (f) $y = 0$ (or x axis) (g) $y = -x$ (h) $x = 5$

5. (a) (i) $(4, 5)$ (ii) $(78, 5)$ (iii) $(2, -3)$ (iv) $(2, 195)$ (v) $(5, 2)$ (b) $(-m, -n)$ (c) $(-n, -m)$

Page 57 ***HWK 3M***

8. yes **9.** no

Page 58 ***HWK 4M***

2.

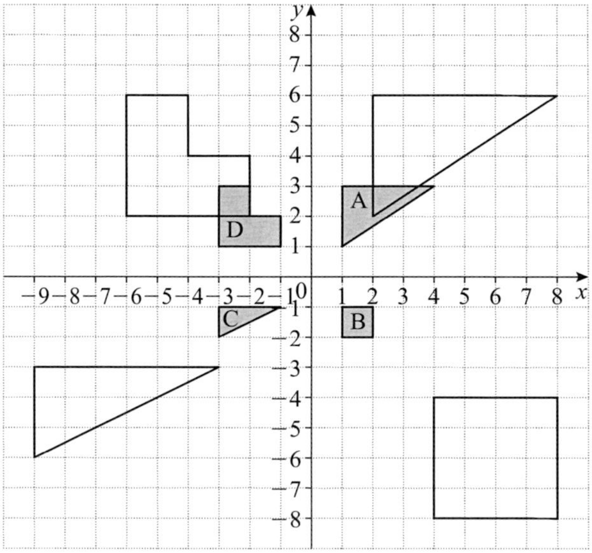

3. (f) D, E (g) 9 : 4

2.6 Rotation and combined transformations

Page 59 ***HWK 1M***

1.

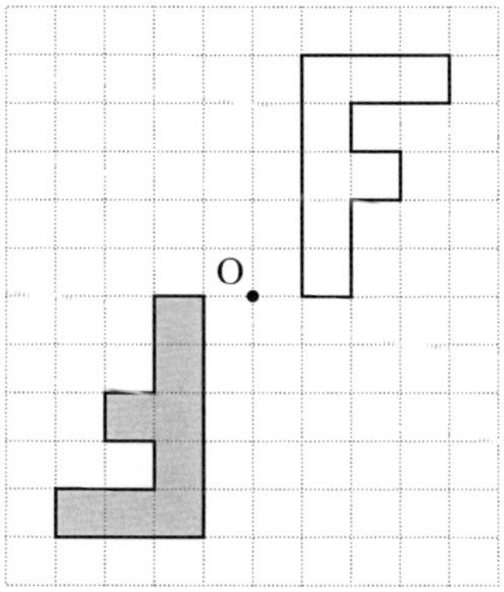

2.

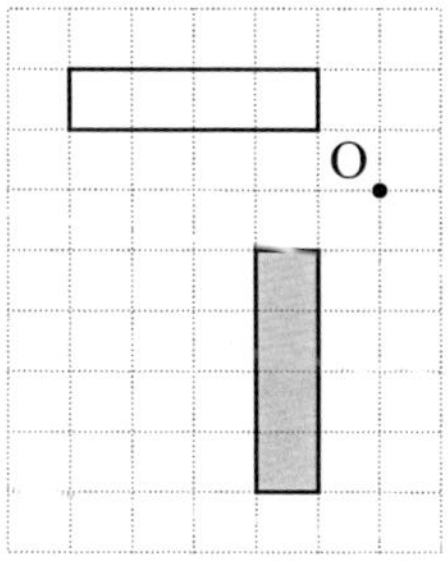

3.

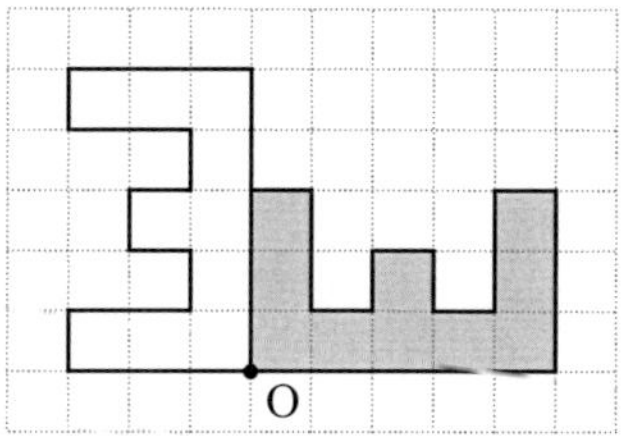

4.

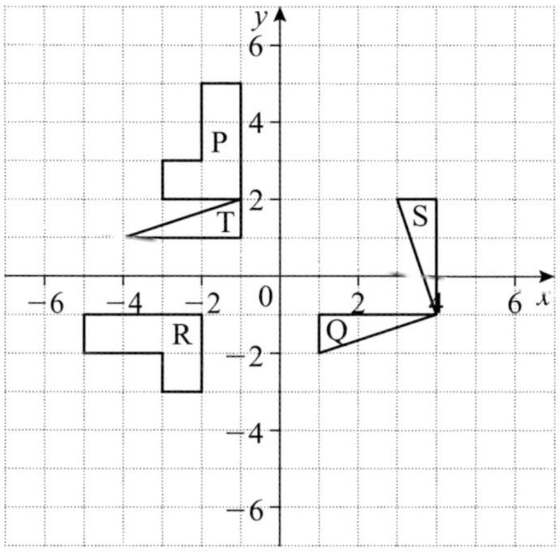

5. (e)(−2, 3), (−6, 3), (−6, 1)

Page 60 ***HWK 2M***

1. (a) (0, 2) (b) (−2, 0) (c) (1, 0) (d) (1, −3)
2. (a) (2, 1) (b) (0, 0) (c) (1, −1) (d) (−1, −1)
3. (a) rotation 90° clockwise about (−1, 1) (b) reflection in $y = 2$ (c) rotation 90° anticlockwise about (1, −2) (d) rotation 180° about (3, −2) (e) reflection in $y = x$

Page 61 ***HWK 3M***

1. (e) $\begin{pmatrix} -1 \\ 3 \end{pmatrix}$
2. (a) reflection in x-axis (b) 90° clockwise rotation about (0, 0) (c) 90° anticlockwise rotation about (3, −2) (d) translation by $\begin{pmatrix} -4 \\ -1 \end{pmatrix}$ (e) 90° clockwise rotation about (3, 2) (f) reflection in x-axis
3. (a) e.g. reflection in x-axis then rotation 180° about (0, 0)
(b) e.g. rotation 180° about (0, 0) then reflection in x-axis
(c) e.g. reflection in $x = 1$ then translation through $\begin{pmatrix} -2 \\ 0 \end{pmatrix}$
(d) e.g. translation through $\begin{pmatrix} -2 \\ 0 \end{pmatrix}$ then reflection in $x = -1$

4. A→P: rotation 90° anticlockwise about (0, 0) then reflection in $y = -4$
A→Q: rotation 180° about (−4, −3) then reflection in $y = 2$
A→R: reflection in $x = -2$ then rotation 90° anticlockwise about (2, −1)
A→S: reflection in $y = -1$ then rotation 90° clockwise about (0, 0)
A→T: rotation 180° about (−1, −1) then reflection in $y = x$

UNIT 3

3.1 Area

Page 63 ***HWK 1M***

1. 80 cm^2
2. Shape A by 64 cm^2
3. 25 m
4. (a) 65 cm^2 (b) 120 cm^2 (c) 170 cm^2
5. (a) 7 m (b) 9 m
6. Shape A by 5 cm^2
7. 81 cm^2
8. e.g.

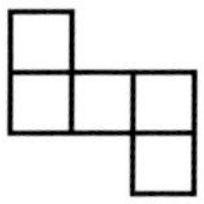

9. 72 cm
10. 4

Page 64 ***HWK 2M***

1. 163 m^2
2. 7.5 hectares
3. 48 cm
4. (a) 100 m^2 (b) 'Texas Twist' is cheaper by £2
5. (a) 16 (b) 16.5 (c) 29.5
6. (a) 1500 (b) £591 (c) £29.55
7. $h = 12$ cm
8. 58 cm^2

3.2 Circles

Page 66 ***HWK 1M***

1. Anna by 11.3 m **2.** 50.3 mm **3.** 21.4 m **4.** 13

5. 85.5 seconds **6.** 127.32 m **7.** 90 cm **8.** 94.2 cm

9. 307.6 cm^2 **10.** 670

Page 67 ***HWK 2M***

1. 36.0 cm **2.** 17.9 cm **3.** 22.5 cm **4.** Shape A by 3.4 cm

5. 37.6 cm **6.** 59.1 cm **7.** (a) 21.3 cm (b) 49.1 cm

Page 68 ***HWK 3M***

1. 61.8 cm^2 **2.** 12.6 cm^2 **3.** 157.1 cm^2 **4.** 1292.4 cm^2

5. 2748.9 m^2 **6.** 553.1 cm^2 **7.** 194.2 m^2 **8.** 74.6 cm^2

9. Area B by 25.4 cm^2 **10.** 24.3 cm^2

3.3 Number – calculations review

Page 70 ***HWK 1M***

1. (a) 0.0218 (b) 0.663 (c) 1.82 (d) 35 607 (e) 29 (f) 2400
(g) 3.986 (h) 16 **2.** 11.77 kg **3.** (a) 37 200 (b) 1.23 (c) 169
(d) 52.2 (e) 0.747 (f) 0.052 (g) 4.095 (h) 19 200 (i) 3.704
(j) 5.982 (k) 6.02 (l) 0.057 **4.** £44.16 **5.** £215

6. (a) $3.9 + \boxed{2.44} = 6.34$ (b) $0.28 \div \boxed{100} = 0.0028$ (c) $9 - \boxed{4.56} = 4.44$
(d) $\boxed{0.53} - 0.19 = 0.34$ (e) $\boxed{3.38} \times 0.5 = 1.69$ (f) $\boxed{7.24} + 2.91 = 10.15$

Page 70 ***HWK 2M***

1. $a = 7.3$ m, $b = 7.8$ m **2.** $a = 13.2$ kg, $b = 13.6$ kg **3.** $a = 64$ m, $b = 72$ m

4. $a = 0.44$ cm, $b = 0.48$ cm **5.** $a = 40$ g, $b = 55$ g **6.** $a = 5.5$ m, $b = 7.5$ m

7. 1.2 m

8. 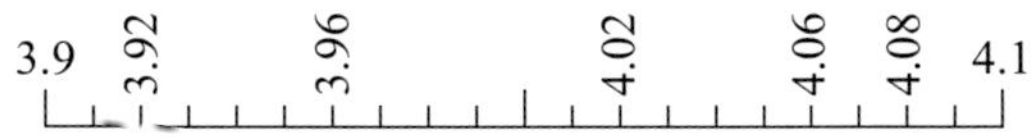

9. 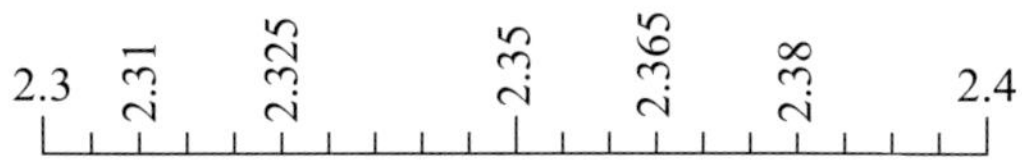

10. a = 3.94, b = 3.96, c = 4.05, d = 4.08 **11.** £14.50 **12.** £4.97

Page 72 ***HWK 3M***

1. (a) false (b) false (c) true **2.** £53.44

3. Shape B by 0.09 m^2 **4.** (a) 324.51 (b) 53.578 (c) 68.02 (d) 16.074

5.

×	0.3	0.05	7	1.2	0.9
0.6	0.18	0.03	4.2	0.72	0.54
0.05	0.015	0.0025	0.35	0.06	0.045
1.1	0.33	0.055	7.7	1.32	0.99
0.8	0.24	0.04	5.6	0.96	0.72
4	1.2	0.2	28	4.8	3.6

6. (a) \$438 (b) \$803

7. (a) $0.4 \times \boxed{0.06} = 0.024$

(b) $\boxed{0.05}^2 = 0.0025$

(c) $\boxed{1.2} \times 0.08 = 0.096$

8. 0.34194

Page 73 ***HWK 4M***

1. (a) false (b) true (c) false (d) false (e) true (f) true

2. (a) 21.3 (b) 1.8 (c) 2.45 (d) 1.93 (e) 12.6 (f) 5.87

(g) 0.169 (h) 13.6 (i) 0.14 (j) 0.832 (k) 7.64 (l) 13.1

3. 350 **4.** 85 **5.** 52 hours **6.** GET ME OUT OF HERE NOW

3.4 Using a calculator

Page 74 ***HWK 1M***

1. (a) true (b) false (c) false (d) true (e) true (f) false

(g) true (h) true (i) true **2.** $8 \times 2 + 3 = 19$ **3.** $5 - 3 \times 1 = 2$

4. $4 + 18 \div 3 = 10$ **5.** $20 \times 2 - 15 = 25$ **6.** $9 + 16 - 4 = 21$ **7.** $5 + 9 \times 2 = 23$

8. $16 - 14 \div 2 + 1 = 10$ **9.** $10 \div 2 + 3 \times 4 = 17$ **10.** $9 + 4 \times 2 - 3 = 14$

11. $4 \times (5 - 2) = 12$ **12.** $(8 + 3) \times 4 = 44$ **13.** $(8 - 2) \times (4 + 3) = 42$

14. $9 \div (4 - 1) + 7 = 10$ **15.** $(15 + 25) \div (7 + 3) = 4$ **16.** $8 + (5 \times 6 - 20) = 18$

17. (a) $(13 + 17) \div 5 = 6$ (b) $(5 + 20) \div (3 + 2) = 5$ (c) $(10 - 6) \div (1 + 3) = 1$

Page 74 ***HWK 2M***

1. 1.09 **2.** 166.14 **3.** 7.08 **4.** 1.05 **5.** 1.70

6. 1.26 **7.** £1133 **8.** 13 130.79296 **9.** 78.00

10. (a) $\frac{11}{30}$ (b) 2 (c) $\frac{19}{30}$ (d) $\frac{55}{56}$ (e) $13\frac{1}{12}$ (f) $16\frac{1}{11}$

11. Shape B by $\frac{1}{2}$ cm^2

12.

$\times$	$\frac{2}{3}$	$\frac{1}{5}$	$2\frac{1}{4}$	$\frac{5}{6}$	$\frac{1}{2}$
$\frac{3}{4}$	$\frac{1}{2}$	$\frac{3}{20}$	$1\frac{11}{16}$	$\frac{5}{8}$	$\frac{3}{8}$
$1\frac{1}{3}$	$\frac{8}{9}$	$\frac{4}{15}$	3	$1\frac{1}{9}$	$\frac{2}{3}$
$\frac{7}{9}$	$\frac{14}{27}$	$\frac{7}{45}$	$1\frac{3}{4}$	$\frac{35}{54}$	$\frac{7}{18}$
$\frac{4}{5}$	$\frac{8}{15}$	$\frac{4}{25}$	$1\frac{4}{5}$	$\frac{2}{3}$	$\frac{2}{5}$
$\frac{2}{3}$	$\frac{4}{9}$	$\frac{2}{15}$	$1\frac{1}{2}$	$\frac{5}{9}$	$\frac{1}{3}$

13. (a) $\frac{2}{3}$ (b) $\frac{4}{9}$ (c) $1\frac{1}{2}$ (d) $\frac{7}{15}$

Page 76 ***HWK 3M***

1. 4.5 **2.** −32 **3.** 19.2 **4.** 8.5 **5.** −11.1 **6.** 65.9

7. 2.8 **8.** −12.2 **9.** 3.6 **10.** 0.9 **11.** 123.9 **12.** 27.8

13. (a) 15.8 (b) −16.2 (c) 4.8 (d) −6.8

14. A by 4.4779 **15.** (a) Ron (b) £2.08

16. (a) 1.0 (b) 3.2 (c) 0.7 (d) 70.0 (e) 3.3 (f) 25.0

(g) 4.1 (h) −780.2 (i) 2.4 (j) 133.9 (k) 0.2 (l) 0.2

3.5 Upper and lower bounds

Page 77 ***HWK 1M***

1. (a) 26.25 cm (b) 26.35 cm **2.** 699.5 ml, 700.5 ml

3. 48.5 mm, 49.5 mm **4.** 31.35 kg, 31.45 kg **5.** 85 kg

6. (a) 725.5 ml ≤ volume < 726.5 ml (b) 17.05 cm ≤ height < 17.15 cm

(c) 8.15 m/s ≤ speed < 8.25 m/s (d) 14.615 m^2 ≤ area < 14.625 m^2

(e) 638.2925 kg ≤ mass < 638.2935 kg (f) 42.5 s ≤ time < 47.5 s

7. Lower bound for teapot = 895 ml and upper bound for each mug is 450.5 ml, so 901 ml for 2 mugs. Hence there may not be enough tea to fill both mugs.

8. Upper bound for the total weights of all nine people is 654.5 kg, which might exceed the 'safe' limit.

Page 78 ***HWK 2M***

1. lower = 16.5 cm, upper = 16.9 cm **2.** lower = 4.375 cm^2, upper = 7.875 cm^2

3. 844.5 g **4.** 0.6 cm **5.** 1 gram **6.** 74 mm^2

7. (a) 0.370 (b) 0.373 (c) 1.770 **8.** (a) 1.986 (b) 5.82 (c) 5.8

(d) lower bound for x subtract the upper bound for y will give the lowest possible value.

3.6 Expanding brackets and equations

Page 79 ***HWK 1M***

1. false **2.** true **3.** false **4.** false **5.** true **6.** true

7. (a) $4(3x - \boxed{2})$ (b) $7(\boxed{6} + 3p)$ (c) $3(\boxed{5a} - \boxed{8})$ (d) $\boxed{5}(4 + \boxed{7n})$

8. $6x + 22$ **9.** $12x + 26$ **10.** $14x + 32$ **11.** $19x + 41$ **12.** $27x + 10$ **13.** $44x + 8$

14. $12x - 3$ **15.** $8x + 10$ **16.** $17x + 15$ **17.** $23x + 12$ **18.** $10x + 19$ **19.** $25x$

20. $13x + 17$ **21.** $23x + 72$ **22.** $77x + 62$

Page 80 ***HWK 2M***

1. false **2.** false **3.** true **4.** true **5.** true

6. true **7.** $5x + 6$ **8.** $13x + 9$ **9.** $20x + 9$ **10.** $7x + 32$

11. $27x + 4$ **12.** $9x + 6$ **13.** $20x + 24$ **14.** $10x + 56$ **15.** $27x + 16$

16. (a) $4(2x + 1) - \boxed{5}(x - 3) = 3x + \boxed{19}$ (b) $6(3x + 2) - \boxed{5}(\boxed{x} + 2) = 13x + 2$

17. $12a - 2b$ **18.** $2m + 39n$ **19.** $8x + 15y + 25$ **20.** $24n + 38$

Page 81 ***HWK 3M***

1. $x^2 + 13x + 42$ **2.** $x^2 + 11x + 30$ **3.** $x^2 - 6x + 8$ **4.** $x^2 + 7x - 8$

5. $x^2 + 5x - 14$ **6.** $x^2 + 5x - 36$ **7.** $x^2 - 9x + 20$ **8.** $x^2 + 7x - 30$

9. $x^2 + 4x - 77$ **10.** $2x^2 + 18x + 39$ **11.** (a) $10x^2 + 11x + 3$ (b) $12x^2 + 16x - 3$

(c) $20x^2 + 3x - 35$ **12.** Not correct. $(x + 3)^2 = x^2 + 6x + 9$

13. (a) $x^2 - 10x + 25$ (b) $x^2 + 14x + 49$ (c) $2x^2 + 8x + 40$ **14.** $3x^2 + 26x + 81$

15. (a) $26x + 39$ (b) $6x + 45$ (c) $11x^2 + 3x - 10$ (d) $-14x^2 + 49x + 114$

Page 82 ***HWK 4M***

1. 7 **2.** 2 **3.** 8 **4.** 5 **5.** 4 **6.** 9

7. 11 **8.** 1 **9.** 50 **10.** $\frac{1}{2}$ **11.** $n = \frac{2}{3}$ **12.** $\frac{5}{7}$

13. (a) $5(n - 20) = 100$ (b) $n = 40$ **14.** 3 **15.** 9 **16.** 4

17. 20 **18.** 5 **19.** 10 **20.** $\frac{3}{8}$ **21.** 3 **22.** $\frac{1}{3}$

23. 22 **24.** 31 **25.** 25 **26.** 19 **27.** 32 **28.** $5\frac{1}{2}$

29. $\frac{2}{9}$ **30.** 4

Page 83 ***HWK 5M***

1. $p = 3$ **2.** $y = 7$ **3.** $m = 2$ **4.** $a = 6$ **5.** $y = 15$ **6.** $x = 5$

7. $m = 13$ **8.** $p = 20$ **9.** $x = 10$ **10.** $y = 2$ **11.** $n = 45$ **12.** $p = 8$

13. $a = 9$ **14.** $m = 4$ **15.** $n = 10$, side AB $= 58$ cm **16.** $n = 5$ **17.** $n = 10$

18. $n = 2$ **19.** $n = 7$ **20.** $n = 1$ **21.** $n = 14$ **22.** $n = 3$ **23.** $n = 0$

24. $n = 8$ **25.** $n = \frac{1}{2}$

Page 84 ***HWK 5E***

1. $x = 4$ **2.** $p = 3$ **3.** $m = 6$ **4.** $a = -6$ **5.** $n = -16$ **6.** $y = 5$

7. $w = 27$ **8.** $x = -8$ **9.** $q = 4$ **10.** $n = 4$ **11.** $y = 3$ **12.** $m = 14$

13. $x = -6$ **14.** $a = 7$ **15.** $n = -15$ **16.** $p = -6$ **17.** $x = 14$ **18.** $x = 3$

19. $x = 4.8$ **20.** $x = -3.5$ **21.** $x = -12$ **22.** $x = -7.125$

Page 84 ***HWK 6M***

1. $5(7x + 3) = 120, x = 3$ **2.** 7 **3.** (a) $6x + 36 = 180$ (b) $x = 24°$ (c) 24°, 58°, 98°

4. 27, 28, 29, 30 **5.** $n = 5$ **6.** $6n + 3 = 3n + 15, n = 4$, Fiona has £27

7. (a) $8x + 6 = 38$ (b) $x = 4$ (c) 13 cm, 6 cm **8.** 42 cm

Page 85 ***HWK 7M***

1. 47°, 141°, 109°, 63° **2.** $x = 14$ kg, Dave 73 kg, Angie 63 kg **3.** 58°, 116°, 77°, 109°

4. $t = 9$ **5.** $u = 8$ **6.** $x = 5$

7. 36 cm × 12 cm × 14 cm **8.** 44, 46, 48, 50, 52 **9.** Gary 5, Wayne 20, Michael 27, Steve 17

UNIT 4

4.1 Averages and range

Page 87 ***HWK 1M***

1. (a) 7 (b) 6 (c) 8 (d) 9 **2.** −3

3. (a) 57 kg (b) 61 kg **4.** 4 **5.** 5 **6.** bottom half **7.** 5

8. (a) mean = 21, range = 21 (b) Class 8B has the larger mean but the smaller range. **9.** 11

Page 88 ***HWK 2M***

1. 42 **2.** 8 and one of these pairs: 1 and 12, 2 and 11, 3 and 10, 4 and 9, 5 and 8 **3.** 16

4. (a) mean = 58, range = 15 (b) mean = 63, range = 21

(c) Group Y has the larger mean and the larger range. **5.** 52.6 kg **6.** 1.71 m

7. e.g. Group A mean = £5.50, Group B mean = £7.48

8. $\frac{np + mq}{n + m}$ **9.** (a) (i) $x + 4$ (ii) $3x + 10$ (iii) $\frac{11x + 17}{6}$ (b) $x = 1$

Page 90 ***HWK 3M***

1. (a) 108.4 g (b) 110 g (c) 110 g **2.** (a) 3.075 (b) 4 (c) 3

3. (a) £132.80 (b) £112.80 (c) 'City' families spend more on food each week. There may be cheaper local produce for 'village' families, etc.

4. (a) 10 (b) 6

4.2 Charts, including scatter graphs

Page 91 ***HWK 1M/2M/3M***

1. (a) 9 (b) 9 (c) true **2.** (a) 8 (b) 5 (c) false

3. (b) positive correlation (c) 18

4. (a) strong negative correlation (b) no correlation (c) weak positive correlation

5. (a) positive (b) no correlation (c) positive (d) negative (e) negative

Page 93 ***HWK 4M/5M***

1. (a) group B (b) group B, e.g. height values, shape of graph, spread of values

2. (a) 3, 7, 5, 3 (c) 8, 7, 3 (e) Seventeen-year-old times are generally faster because the children are older, etc.

3. (a) one person = 5° (b) milk 160°, dark 150°, white 50°

4. (a) 7.25 cm (b) 42.3%

5. $x = 48°$

6.

Stem	Leaf
5	8 9 9
6	3 4 4 6 8 8 8 9
7	0 1 1 2 3 4 6 9
8	0 1 2

Key: 6|3 means 63 kg

7. 'Less' – pie charts show proportions not frequencies.

4.3 Pythagoras' theorem

Page 95 ***HWK 1M***

1. $a = 13$ cm, $b = 50$ cm, $c = 24$ cm, $d = 9.89$ cm, $e = 9.80$ cm, $f = 15.41$ cm, $g = 9.50$ cm, $h = 18.96$ cm

2. 32.20 inches **3.** 336 cm^2 **4.** Yes. Ladder reaches up 5.54 m **5.** $x = 12.02$ cm

6. 30.81 miles **7.** 22.98 cm^2

Page 96 ***HWK 2M***

1. (a) 13.86 cm (b) 14.83 cm (c) 9.27 cm **2.** 87.43 cm^2

3. (a) 10.82 cm (b) 11.22 cm **4.** 14.04 cm **5.** 17.94 cm **6.** $x = 6$ cm

4.4 Bearings and scale drawing

Page 98 ***HWK 1M***

1. (a) 065° (b) 160° (c) 105° (d) 285°

2. (a) 334° (b) 097° (c) 148° (d) 234° (e) 063° (f) 270° (g) 180°

4. (a) 050° (b) 282° (c) 211° (d) 078°

5. (a) 140° (b) 320° **6.** 285° **7.** 050°

Page 100 ***HWK 2M***

1. 9.6 km **2.** 9.2 km **3.** 10.0 km **4.** 7.9 km **5.** 227° **6.** (b) 030°

7. Penny is around 32 km from Shalina on a bearing of 268°

4.5 Trigonometry

Page 101 ***HWK 2M***

1. $a = 5.3$ cm **2.** $b = 4.3$ cm **3.** $c = 11.1$ cm **4.** $d = 12.0$ cm **5.** $e = 4.8$ cm

6. $f = 13.6$ cm **7.** $g = 4.5$ cm **8.** $h = 11.8$ cm **9.** Triangle A is greater by 3.38 cm

10. 13.86 cm **11.** 64.02 cm^2

Page 102 ***HWK 3M***

1. $a = 56.9°$ **2.** $b = 22.6°$ **3.** $c = 12.4°$ **4.** $d = 62.2°$ **5.** $e = 44.0°$

6. $f = 69.8°$ **7.** $g = 71.1°$ **8.** $h = 41.8°$ **9.** 21.6° **10.** 20.7°

11. 38.9° **12.** 56.3° **13.** 16.7° **14.** 43.1°

Page 103 ***HWK 4M***

1. $a = 59.0°$ **2.** $b = 14.3$ cm **3.** $c = 6.4$ cm **4.** $d = 40.0°$

5. Ladder reaches 2.89 m up the wall, so does not reach the window.

6. 67.4° **7.** 17.9 km **8.** 22.4 km **9.** 111.5 cm^2 **10.** 262.5 cm

4.6 Negative numbers

Page 105 ***HWK 1M/2M***

1. (a) 5 (b) 1 (c) −2 (d) 9 (e) 5 (f) 1 (g) −1 (h) −6

2. 36 **3.** −9, −16, −23 **4.** −20 **5.** 7, −2, 9, −4, 5

6. (a) −5 (b) 11 (c) 16 (d) −17 (e) −8 (f) −41 (g) 72 (h) −51

7. (a) $-2 - (-3) = 1$ (b) $5 - (-1) = 6$ (c) $-3 + (-4) = -7$

8. A **9.** $\boxed{-4}$ **10.** (a)

−2	−3	2
3	−1	−5
−4	1	0

(b)

6	−3	0	−5
1	−6	7	−4
−1	4	−7	2
−8	3	−2	5

11. −9 **12.** −2

Page 106 ***HWK 3M***

1. (a) −12 (b) 12 (c) −4 (d) 24 (e) 4 (f) 4 (g) −14 (h) 10
(i) −18 (j) −8 (k) −4 (l) 5 (m) −36 (n) −7 (o) 4 (p) −2

2. $-4 \times (-4)$ by 36 **3.** −8, −2

4. (a) false (b) true (c) true (d) true (e) false (f) true **5.** 3, −9, −18, −450

6. (a) $-6 \times (5) = -30$ (b) $9 \times (-4) = -36$ (c) $-10 \times (-7) = 70$
(d) $(7) \times (-2) = -14$ (e) $-8 \times (-4) = 32$ (f) $(-6) \times (-8) = 48$

7. −2, 4 **8.** −5, 3 **9.**

×	−5	3	−2
−3	15	−9	6
4	−20	12	−8
−7	35	−21	14

10. (a) −6, 3 (b) −3, −2 (c) −5, −4

11. negative × negative = positive, then multiply by negative gives negative.

12. (a) −12 (b) 0 (c) 36 (d) 160 (e) −128 (f) 2

UNIT 5

5.1 Sequences 2

Page 108 ***HWK 1M***

1. (a) 11 (b) 17 (c) 32 **2.** (a) 3 (b) 15 (c) 79

3. (a) 14 (b) 26 (c) 50

4. (a) 11, 13, 15, 17, 19 (b) −3, 0, 3, 6, 9 (c) 4, 7, 12, 19, 28 (d) 1, 8, 27, 64, 125

5. (a) $4n$ (b) $4n - 1$ (c) $n - 1$ (d) $3n + 2$

6. (a) 55 (b) false **7.** false **8.** true

9. (a) $n = 6$ (b) $n = 7$ (c) $n = 4$ **10.** $T(n) = 4n + 2$

Page 109 ***HWK 2M***

1. $3n + 2$ **2.** (a) $5n + 3$ (b) $4n - 2$ **3.** $2n + 3$

4. (a) $6n - 4$ (b) $3n + 7$ (c) $9n + 4$ **5.** (a) $8n - 27$ (b) $55 - 6n$ (c) $\frac{2}{3}n + 1$

6. $3n + 1$ **7.** $4n + 1$ **8.** $5n + 1$ **9.** (a) $3n + 2$ (b) 62 (c) 18

10. (a) $2n + 1$ (b) 51 (c) 17 **11.** Pupil choice

5.2 Algebra – rearranging and factorising

Page 111 ***HWK 1M***

1. $x = m + w$ **2.** $x = y - a - b$ **3.** $x = p + q + y$ **4.** $x = ab^2 - mw$

5. $x = \frac{a}{b}$ **6.** $x = \frac{n + y}{m}$ **7.** $x = \frac{ab - p - cy}{n}$ **8.** $x = \frac{m - n}{c}$

9. $x = \frac{a + b^2}{n^2}$ **10.** $x = \frac{m - y}{p}$ **11.** $x = \frac{b^2 - a^2}{ab}$ **12.** $x = \frac{a - m + y}{n}$

13. Not correct. w^2 should be added onto $p + w^2$ so answer should be $x = \frac{p + 2w^2 - a^2}{n^2}$

14. $n = \frac{p^2 + q}{my}$ **15.** $n = \frac{y + w - mp^2}{p}$ **16.** $n = \frac{a^2 + my^2}{ab}$

17. $n = \frac{ab - ac^2}{ab}$ **18.** $n = \frac{p^2 + w^2y - q}{m^2}$ **19.** $n = \frac{ac + wx}{ef^2}$

20. $n = \frac{mw^2 - bp}{a^2b^2}$ **21.** $n = \frac{my + ab^2c}{ab^2c}$ **22.** $n = \frac{c - p^2 + y^2}{w^2}$

Page 112 ***HWK 2M***

1. $x = \frac{n + my}{m}$ **2.** $x = \frac{p - qw}{q}$ **3.** $x = \frac{w + bp}{ap}$

4. $x = \frac{bc - aw + an}{a}$ **5.** $x = \frac{w^2 + abm + aby}{ab}$ **6.** $x = \frac{p^2q^2 + mn}{am}$

7. $x = \frac{p^2 - mq^2}{q^2}$ **8.** $x = \frac{a^2 - n^2y}{m^2}$ **9.** $x = \frac{mn - b^2 - a^2y}{a^2b}$

10. $x = \frac{c - ap^2 - b^2m^2y}{a^2m^2}$ **11.** $x = \frac{a^2b^3 - p^2}{am}$ **12.** $x = \frac{p^2 - m^2n^2q^2}{m^2n^2p^2}$

13. (a) $x = \frac{a^2 - np^2}{mp^2}$ (b) $n = \frac{a^2 - mp^2x}{p^2}$

14. (a) $x = \frac{5bc^2 - 6am + 3mp}{3m^2}$ (b) $a = \frac{5bc^2 - 3m^2x + 3mp}{6m}$

15. (a) $p = \frac{a^2 + f^2m + acw^2q}{acn^2w}$ (b) $m = \frac{acn^2wp - acw^2q - a^2}{f^2}$

Page 113 ***HWK 3M***

1. $x = 3m$ **2.** $x = m^2w$ **3.** $x = \frac{m}{y}$ **4.** $x = \frac{w}{p^2}$

5. $x = \frac{a}{3mn}$ **6.** $x = \frac{bm}{a}$ **7.** $x = a^2 - ab$ **8.** $x = \frac{m}{7n^2}$

9. $x = \frac{bn^2y}{a}$ **10.** $x = \frac{m}{5n^2}$ **11.** $x = \frac{bm}{an}$ **12.** $x = \frac{m + n}{y}$

13. $x = \frac{my + mw}{a}$ **14.** $x = \frac{a^2}{b}$ **15.** $x = \frac{mn^2}{ab^2}$ **16.** $a = \frac{2A - bh}{h}$

17. $A = \frac{F}{P}$ **18.** $d = st$ **19.** $a = \frac{v^2 - u^2}{2s}$

20. (a) $u = \frac{2s + at^2}{2t}$ (b) $u = 22$

Page 113 ***HWK 4M***

1. (a) $\boxed{m}(m + n)$ (b) $\boxed{5a}(2b - 3a)$ (c) $3m(2p - \boxed{3q})$ (d) $7p(3p + \boxed{2qr})$

2. $2(3 + 10a)$ **3.** $15(p - 3)$ **4.** $n(n + p)$

5. $2(4x^2 - 15)$ **6.** $a(a + 7b)$ **7.** $2y(3y - 7)$

8. $4m(3n + 2m)$ **9.** $6a(a - 2b)$ **10.** $2m(4m + 9p)$

11. $11y(x - 4y)$ **12.** $4m(4p - 3m)$ **13.** $5ny(7 + 2y)$

14. $ab(a - b)$ **15.** $3mn(m + 7n)$ **16.** $6bc(2a + 3d)$

17. $ab(40ab - 1)$ **18.** $2m + 3n$ **19.** $4a(5b - 4a)$

Page 114 ***HWK 5M***

1. (a) $-9, 2$ (b) $(x - 9)(x + 2)$ **2.** (a) $-4, -2$ (b) $(x - 4)(x - 2)$

3. (a) $(x + 5)(x + 1)$ (b) $(x + 10)(x - 2)$ (c) $(x - 7)(x + 4)$ (d) $(x - 5)(x - 5)$

(e) $(x - 7)(x + 2)$ (f) $(x + 6)(x + 2)$ (g) $(x - 4)(x - 3)$ (h) $(x + 13)(x - 2)$

(i) $(x - 4)(x - 4)$ (j) $(x - 9)(x + 6)$ (k) $(x - 11)(x + 6)$ (l) $(x + 7)(x - 3)$

4. (a) $(x + 7)$ and $(x + 2)$ (b) 126 cm^2

5. (a) $x^2 - 16$ (b) $(x + 4)(x - 4)$

6. (a) $x^2 - 25$ (b) $(x + 5)(x - 5)$

7. (a) $(x + 6)(x - 6)$ (b) $(x + 9)(x - 9)$ (c) $(x + 12)(x - 12)$

8. $(n + 4)$ and $(n + 3)$

5.3 Interpreting and sketching real-life graphs

Page 115 ***HWK 1M***

1. (a) 11:15 (b) 45 mins (c) 13:30 (d) 40 mph (e) 40 mph

2.

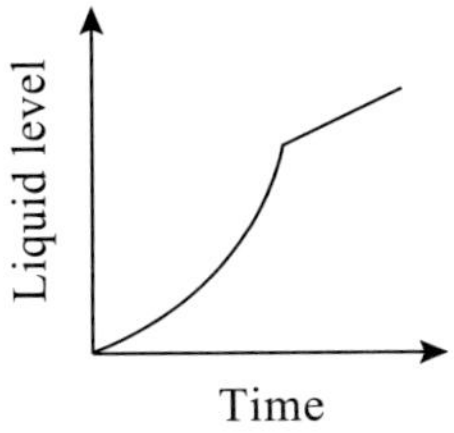

3. (a) twice

   (b) Lines sloping upwards suggest the glass is being filled with wine. Lines sloping downwards suggest Claire is drinking from the glass. Horizontal lines suggest Claire is not drinking from the glass.

   (c) e.g. spilt all the wine, dropped glass, etc.

6.

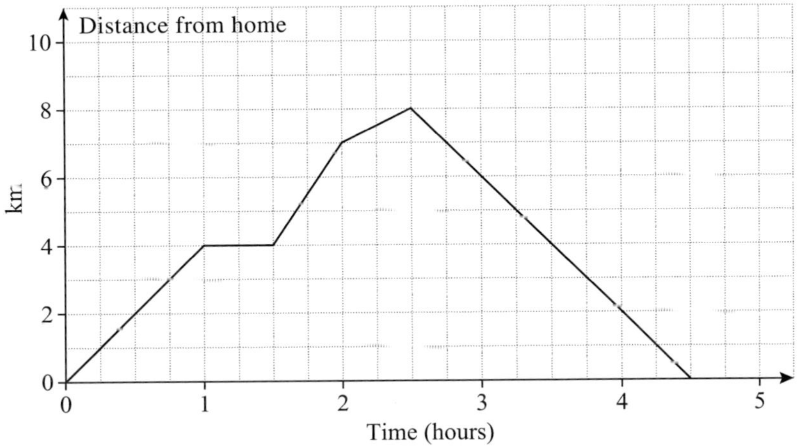

Lucy arrives back home after $4\frac{1}{2}$ hours.

5.4 Ratio

Page 117 ***HWK 1M***

1. (a) 8 : 3 (b) 1 : 6 (c) 3 : 8 (d) 2 : 3 : 6 (e) 3 : 5 (f) 3 : 2 (g) 7 : 4 : 8 (h) 2 : 5 : 3

2. 3 : 1

3. 12

4. 1 : 2

5. 20 red, 8 blue

6. 3 : 4

7. $\frac{4}{9}$

8. red 21 litres, blue 6 litres

9. 80°

10. 55 : 25 : 20

11. 1 : 3

12. 100°

Page 118 ***HWK 1E***

1. $84\ cm^2$ **2.** 60 kg **3.** 14 : 15 **4.** 23 : 34 **5.** $y = 10$ **6.** 2.25 **7.** 3% **8.** 6 : 35

9. (a) 15 : 1 (b) 24 : 1 (c) 2 : 25 (d) 2 : 10 : 3 (e) 40 : 5 : 6 (f) 12 : 14 : 5

10. $p = 24$, $q = 42$ **11.** 64 kg **12.** $x = 20$ **13.** 5 : 9 **14.** 6 and -3

Page 119 ***HWK 2M/3M***

1. 8 km **2.** 200 m **3.** 600 m **4.** 130 km **5.** 1.25 km **6.** 6 cm

7. 60 cm **8.** 32 cm **9.** 6.4 cm **10.** (a) $2.88\ km^2$ (b) $11.52\ cm^2$

11. $1.28\ km^2$ **12.** Oyster (4.4 km) is closer by 1.6 km than the Blue Bowl (6 km).

5.5 Percentages 2

Page 120 ***HWK 1M***

1. 17.6% decrease **2.** 32% reduction **3.** 420.8% increase **4.** 967.2 kg **5.** 22.4% increase

6. March to April (28.6% increase) greater than April to May (22.2% increase) **7.** 65% profit

8. (a) Mike (b) 9.8% **9.** 14.385% increase **10.** 190.5% profit

Page 122 ***HWK 2M***

1. £6615 **2.** 3 732 480

3. (a) £4900.17 (b) £12 730.80 (c) £10 001.06 (d) £93 175.45

4. £13 564.28 **5.** RIGHT SAVE (£7874.05) gives £148.47 more than BONUS SAVE (£7725.58).

6. Year 6 **7.** £88.06 more **8.** £2 934 771.32

5.6 Statistics review

Page 123 ***HWK 1M***

1. $\frac{2}{5}$ **2.** 42 **3.** Median (71) is greater by 1.76 kg than the mean (69.24).

4. 132 **5.** Bag A (20) has 2 more red balls than bag B (18).

6. (a) $n = 5$ (b) 3.225 (c) Mean is higher than the median (3).

7. (a) 0.6 (b) 43 **8.** (a) negative (b) £14 000 to £16 000 (c) (15, 24 000)

UNIT 6

6.1 Algebra review

Page 126 ***HWK 1M***

1. $A = 60$ **2.** $A = 1100$ **3.** $w = 144$ **4.** $a = 0.1$ **5.** $y = 1500$ **6.** $m = 258$

7. (a) $m = 360$ (b) $m = 513$ (c) $m = 873$

8. (a) $y = -20$ (b) $y = 169$ (c) $y = 20$ (d) $y = -3$ **9.** $A = 6\frac{3}{4}\,\text{cm}^2$

10. $A = 8\frac{2}{3}\,\text{cm}^2$ **11.** (a) 88 573 (b) 88 573 (c) 16 383 **12.** $p = 4$

Page 127 ***HWK 2M***

1. $\frac{-2}{11}$ **2.** $\frac{5}{6}$ **3.** $\frac{7}{8}$ **4.** $\frac{-3}{2}$ **5.** 35 **6.** 10 **7.** $\frac{2}{9}$

8. 8 **9.** 4 **10.** 42 **11.** $\frac{5}{7}$ **12.** -6 **13.** 7 **14.** 5

15. 9 **16.** 2 **17.** 4 **18.** 10 **19.** 8 **20.** 12 **21.** $\frac{2}{3}$

22. $\frac{31}{8}$ **23.** $\frac{-16}{9}$ **24.** $\frac{-5}{8}$ **25.** 21 **26.** -3 **27.** $\frac{-20}{7}$

Page 128 ***HWK 3M/4M***

1. (a) 8 (b) 74 cm **2.** £38 **3.** 5 **4.** $60\,\text{cm}^2$

5. 69, 70, 71, 72, 73 **6.** 18 **7.** P = 101°, Q = 69°, R = 20°, S = 170°

8. 61 cm **9.** $n = -2$ **10.** 2

Page 129 ***HWK 5M***

1. n^8 **2.** n^4 **3.** n^{14} **4.** n^{30} **5.** n^3

6. n^{17} **7.** n^5 **8.** n^8 **9.** n^5 **10.** n^{14}

11. n^7 **12.** n^6 **13.** $2^{10}\,\text{cm}^2$ **14.** 200 **15.** $x = 4$

16. $x = 2$ **17.** (a) $3x$ (b) $6x$ (c) $5x$

18. No. $\frac{w^2 \times w^{4x}}{w^4} = \frac{w^{4x+2}}{w^4} = w^{4x-2}$

19. (a) $x - 2$ (b) $x = 0$ (c) $x = 1$ **20.** m^{x+1}

Page 130 ***HWK 6M***

1. $3a^2 - ab$ **2.** $10mn + 35n^2$ **3.** $x^2 + 9x + 18$

4. $m^2 - m - 20$ **5.** $a^2 - 10a + 24$ **6.** $p^2 - 2p - 63$

7. $x^2 - 13x + 30$ **8.** $n^2 + 12n + 36$ **9.** $m^2 - 8m + 16$

10. $m(m - 6)$ **11.** $4n(2n + 3p)$ **12.** $4y(5x - 3y)$

13. $(x + 8)(x - 2)$ **14.** $(m - 6)(m - 5)$ **15.** $(p - 10)(p + 3)$

16. $(n - 5)(n + 3)$ **17.** $(a + 4)(a + 1)$ **18.** $(x - 3)^2$

19. (a) $x^2 - 49$ (b) $(x + 7)(x - 7)$ **20.** (a) $x^2 - 121$ (b) $(x + 11)(x - 11)$

21. £$(n - 7)$ **22.** $4n + 6$ **23.** (a) $18x + 25$ (b) $22x - 13$ (c) $9x$ (d) $21x + 56$

Page 131 ***HWK 7M***

1. $x = \dfrac{y - w}{n}$ **2.** $x = \dfrac{aw + pq}{p}$ **3.** $x = \dfrac{w + b^2p}{b^2m}$

4. $x = \dfrac{mp}{c}$ **5.** $x = \dfrac{w}{y}$ **6.** $x = \dfrac{ac + b^2 - mn}{p}$

7. $x = \dfrac{ab}{c}$ **8.** $x = \dfrac{mw + b}{a}$ **9.** $x = \dfrac{a + b}{mpq}$

10. (a) $u = \dfrac{2s - tv}{t}$ (b) $u = 12$ **11.** $\sin \hat{C} = \dfrac{2A}{ab}$

12. $n = \dfrac{3c + f - pw}{ap}$ **13.** $n = \dfrac{2w}{15p}$ **14.** $n = \dfrac{8acp - wy}{b}$

15. $n = \dfrac{c^2fy - mw^2y + a^2}{w}$ **16.** $n = \dfrac{15pw^3 - am}{2m}$ **17.** $n = \dfrac{6bm}{35a}$

6.2 Volume of objects

Page 132 ***HWK 1M***

1. 1176 cm^3 **2.** 0.43 m^3 **3.** 6600 m^3 **4.** 5 : 4 **5.** (a) 5 cm (b) 6 m

(c) 7 cm **6.** (b) 140 cm^3 (c) 166 cm^2 **7.** 150 minutes **8.** 13 824

9. (a) $18abc$ (b) $12ab + 18bc + 12ac$ **10.** (a) $24mnp$ (b) $4mn - 48np + 12mp$

Page 134 ***HWK 2M***

1. (a) 765 cm^3 (b) 1056 cm^3 (c) 490 cm^3

2. prism A by 268 cm^3 **3.** 18 m **4.** 792 secs = 13 mins 12 secs

5. 98 717 kg **6.** 69 cm **7.** 2.4 m

Page 136 ***HWK 3M***

1. (a) 4590 cm^3 (b) 353 cm^3 **2.** 2600 cm^3 **3.** 131 cm^3 **4.** 4 times

5. 424 mm^3 **6.** 6.41 cm **7.** 1.51 cm **8.** 11.5 cm **9.** 223 cm^3

6.3 Drawing three-dimensional objects

Page 137 ***HWK 1M***

1.

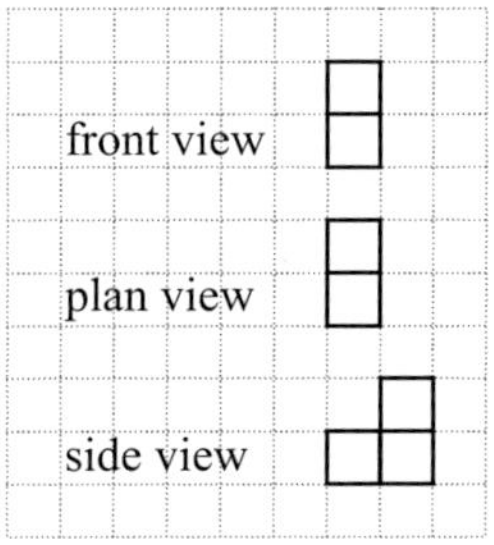

2.

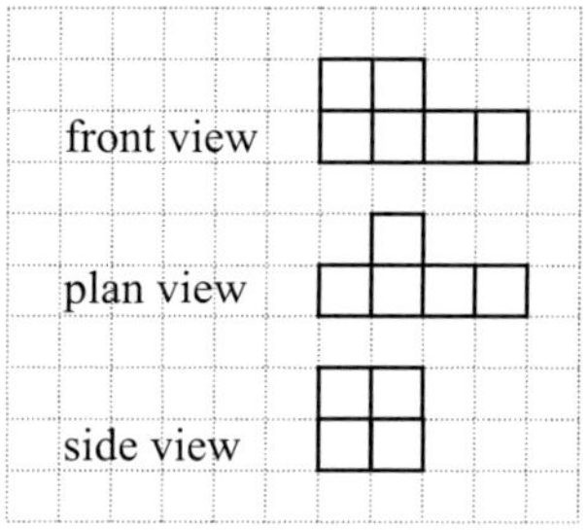

3.

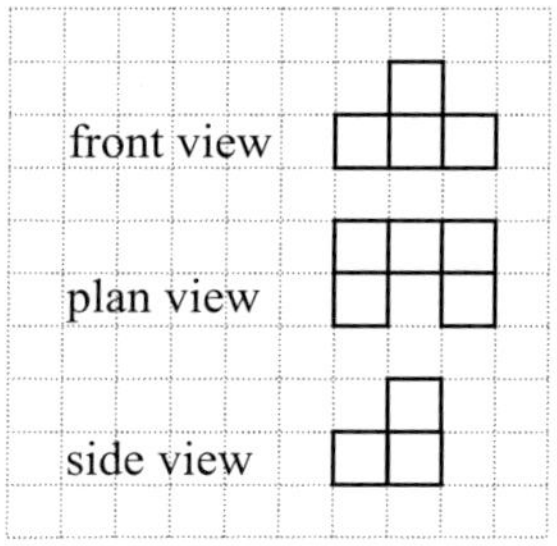

4.

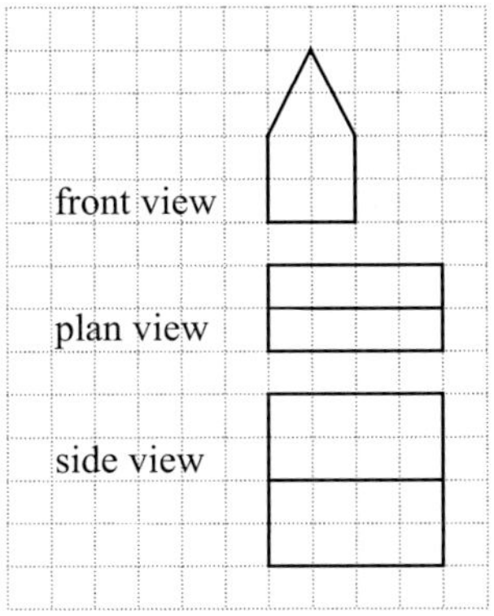

5.

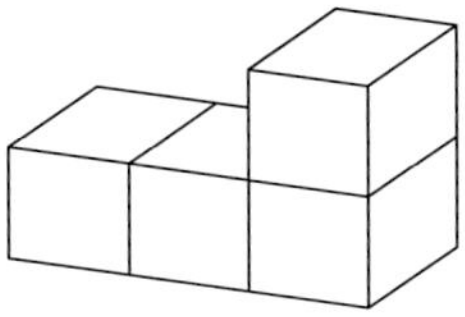

6.

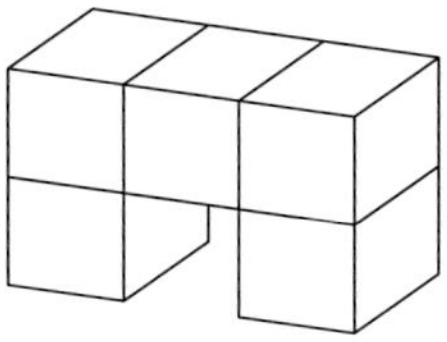

7.

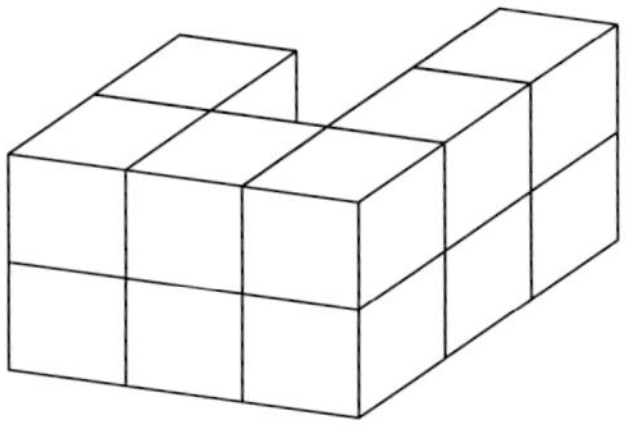

8.

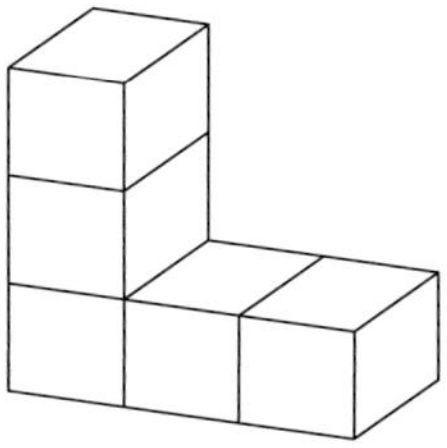

9.

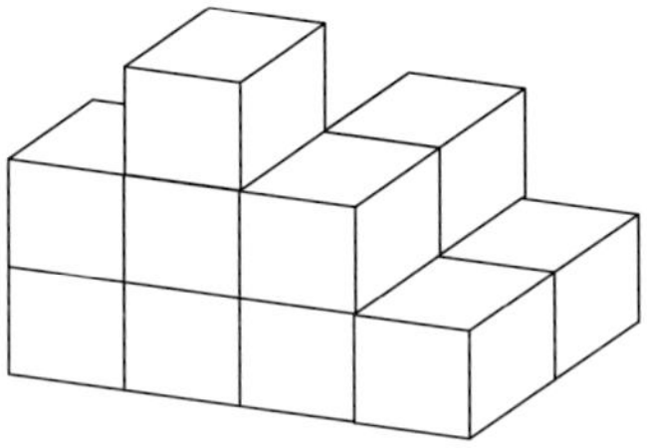

10.

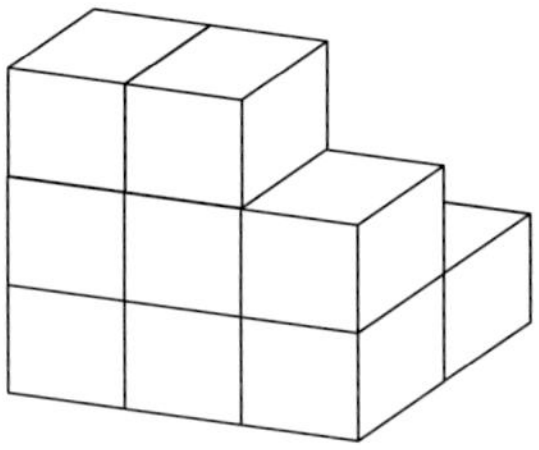

6.4 Simultaneous equations

Page 139 ***HWK 1M***

1. $x = 3, y = 2$ **2.** $x = 1, y = 4$ **3.** $x = 2, y = 4$ **4.** $x = 2, y = 5$

5. $x = 3, y = 1$ **6.** $x = 3, y = 5$ **7.** $x = -2, y = 1$ **8.** $x = -4, y = 3$

9. $x = -1, y = 4$ **10.** $x = 3, y = -2$ **11.** $x = 5, y = -1$ **12.** $x = -4, y = 3$

13. $x = -1, y = 5$ **14.** $x = -2, y = -3$ **15.** $x = -1, y = -4$

Page 139 ***HWK 2M***

1. $x = 4, y = 2$ **2.** $x = -3, y = 2$ **3.** $x = 3, y = -1$ **4.** $x = -4, y = 3$

5. $x = -2, y = 5$ **6.** $x = 1, y = -4$ **7.** $x = 3, y = -2$ **8.** $x = -1, y = -3$

9. $x = -4, y = -2$ **10.** $x = -2, y = 1$ **11.** $x = -3, y = -3$ **12.** $x = 2, y = -2$

13. $x = -1, y = -1$ **14.** $x = -3, y = 5$ **15.** $x = 2, y = -2$

6.5 Probability trees

Page 140 ***HWK 1M***

1. 0.81 **2.** $\frac{3}{16}$ **3.** (a) $\frac{1}{64}$ (b) $\frac{3}{16}$ **4.** 0.216

5. (a) $\frac{1}{9}$ (b) $\frac{16}{81}$ (c) $\frac{4}{27}$ **6.** (a) 0.04 (b) 0.008

7. $\frac{1}{4}$ **8.** 0.255 **9.** (a) $\frac{1}{16}$ (b) $\frac{3}{8}$ **10.** $\frac{1}{64}$

Page 141 ***HWK 2M***

1. (a) 0.75 (b) 0.15

2. 0.1

3. (a) $\frac{7}{20}$ (b) $\frac{3}{5}$

4. (a) $\frac{1}{8}$ (b) $\frac{13}{24}$

5. (a) 0.45 (b) 0.65

6. (a) dog (b) $\frac{1}{5}$ (c) $\frac{11}{15}$

Page 142 ***HWK 3M***

1. (a)

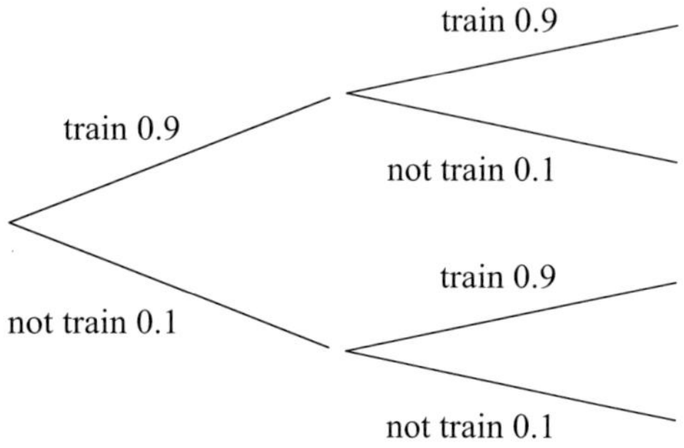

(b) (i) 0.81

(ii) 0.09

2. (a)

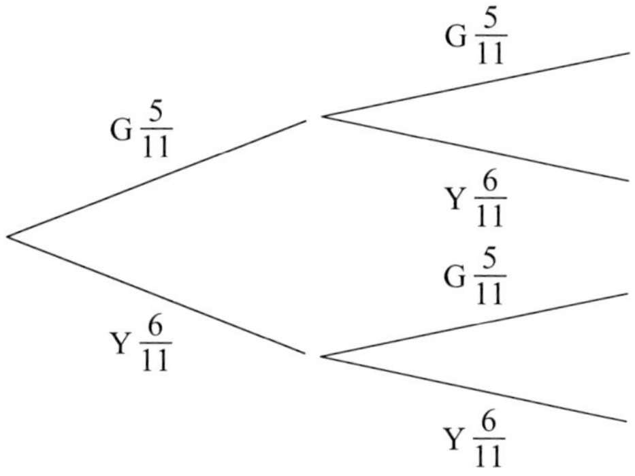

(b) (i) $\frac{36}{121}$

(ii) $\frac{30}{121}$

(iii) $\frac{60}{121}$

3. (a)

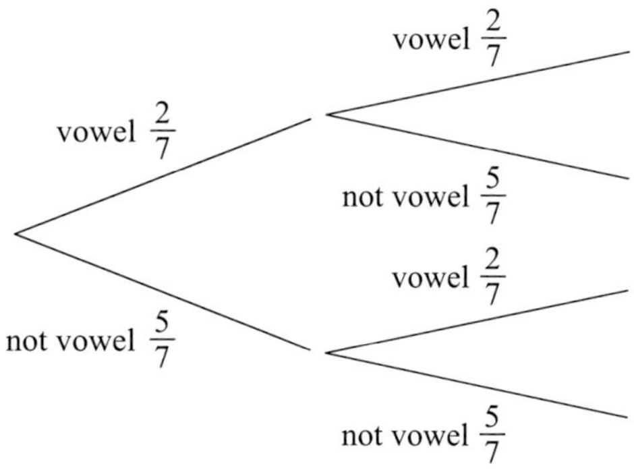

(b) (i) $\frac{25}{49}$

(ii) $\frac{20}{49}$

4. (a)

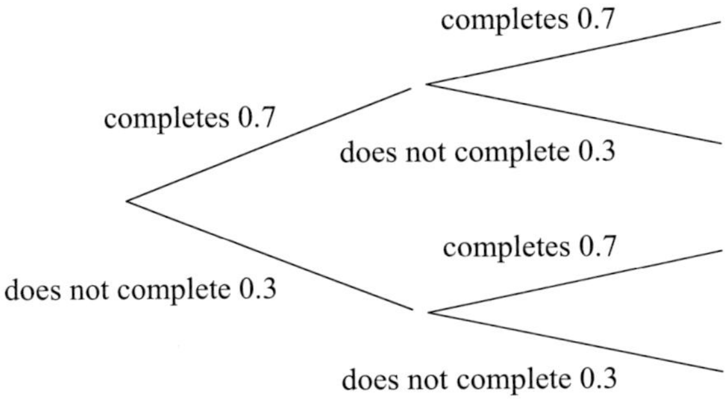

(b) (i) 0.49

(ii) 0.42

(iii) 0.91

5. (a) $\frac{2}{3}$

(b)

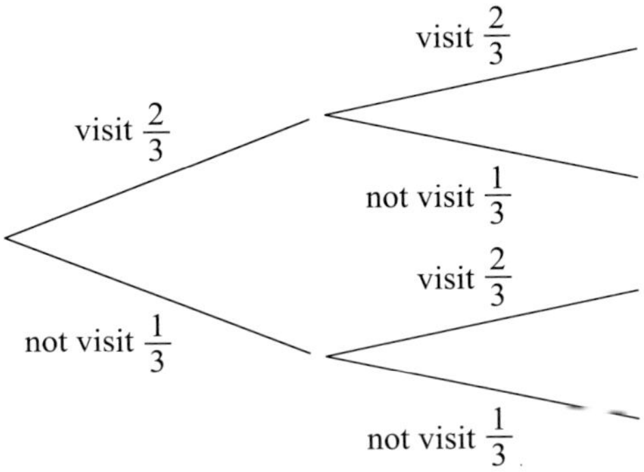

(c) $\frac{4}{9}$

6. (a)

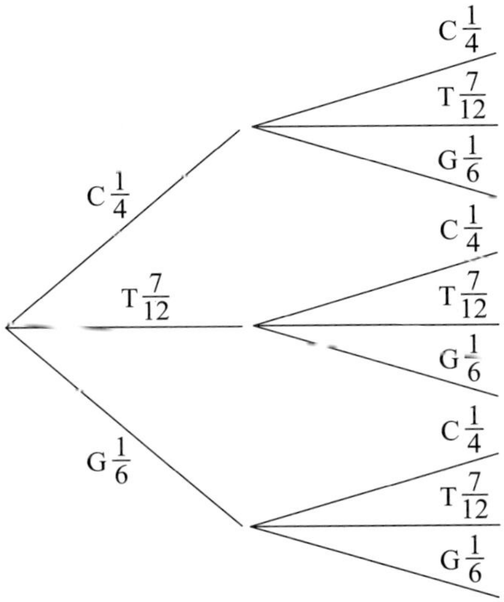

(b) (i) $\frac{49}{144}$

(ii) $\frac{31}{72}$

6.6 Geometry review

Page 144 ***HWK 1M***

1. $104\ cm^2$ **2.** 125° **3.** 69° **4.** B ($35\ cm^2$) is greater by $15.4\ cm^2$ than A ($19.6\ cm^2$).

5.

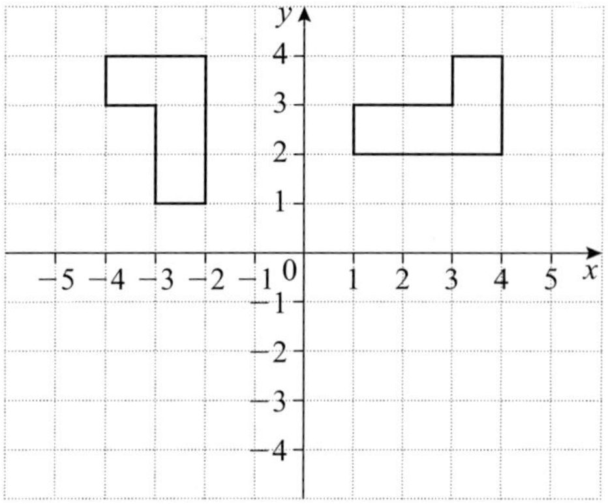

6. 2.64 m **7.** 6 cm

8. $69.5\ cm^2$ **9.** 110°

10. 13.0 cm

Page 146 ***HWK 2M***

1. 6 more sides **2.** Triangle (25.82 cm) is greater by 13.0 cm than the semicircle (12.85 cm).

3. $\begin{pmatrix} -2 \\ 4 \end{pmatrix}$ **4.** $B\hat{A}E = 90°$ **5.** $78.6\ cm^2$

6.

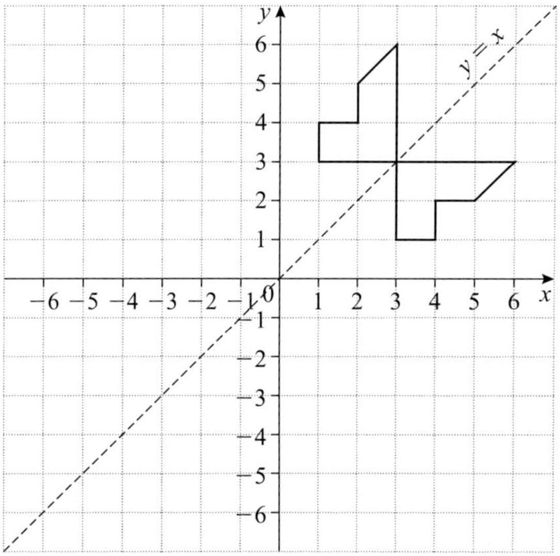

7. 123.7° **8.** 3 : 4

9. $1200\ cm^2$ **10.** $95.5\ cm^2$